原発よ、安らかに眠り給え

脱原発社会をめざす文学者の会 編

川村　湊
青木美希
上山明博
鈴木比佐雄
天瀬裕康
村上政彦
森　詠

コールサック社

目次

序　〝原発よ、安らかに眠り給え〟

川村　湊

表題は、林京子さんの『やすらかに今はねむり給え』から取ったものだが、それはまた、広島の原爆慰霊碑にある〝安らかに眠って下さい、過ちは繰返しませぬから〟という碑文を受けたものである。

この碑文について、〝過ちは繰返しませぬから〟という決意を述べている主体は誰かという問題が提起されている。被害者としての日本人か、加害者としての米国人か。一般的には、すべての人間、いわば人類総体の決意であり、願望であると理解されている。しかし、それでは原爆を製造し、投下し、数十万人を殺傷した〝原爆責任〟を当事者から免れさせることになる。目の前の敗戦を引き伸ばし〝国体護持〟を図ろうとした昭和天皇や側近、軍人、政治家たち、原爆を製造するプロジェクトを率いたオッペンハイマーやグレーブス将軍たち、現場製造を許可し、推進させたルーズベルト大統領、それをヒロシマ、ナガサキに投下する命令を下したトルーマン大統領や、その忠実な部下の軍人、兵士たち。

彼らの〝過ち〟は、これまでまともに謝罪されたことはないのだ。

原発事故についても同じようなことがいえる。3・11の東京電力福島第一原子力発電所の過酷事故の後、絶対的な事故対策などなく、事故はいつでも〝想定外〟のものであることを私たちはイヤというほど知らされたはずだ。それなのに、臆面もなく、「世界で最も厳しい安全基準」といった黴の生えた「安全神話」を再登場させ、再稼働を容認しようとする「原子力ムラ」の策動がある。〝過ちは、繰返〟されて当然のことなのだ。

万一の事故の場合の避難経路の策定も、テロ攻撃や武力侵攻にも全くもって脆弱な原発は、新・増築はおろか再稼働も認めるべきではない。使用済み核燃料のリサイクルは、青森の六ヶ所の「日本原燃（旧日本原子力開発研究機構）」の再処理工場が、操業開始のめどもつかないまま、2兆円以上の予算を使いながら、2024年度の開始時期をまたもや27回目の延期をし、もはや当事者たちも「完成」が〝夢のまた夢〟であることを認めざるえない状況だ。

そのため、日本原然はむつ市に低レベル放射性廃棄物貯蔵センターを作り、低レベルの放射性廃棄物をコンクリートで固め、その貯蔵ピットを地上で自然冷却させるという中間貯蔵を始めた。むろん、これはあくまでも核ゴミの〝仮置場〟なのであって、最終処理施設は、その建設予定地すら決まっていない。中間貯蔵が、最終貯蔵地になることは避け難いだろう。各原発の原子炉内の核燃料プールに一杯となった使用済み核燃料は、中間貯蔵を経て、再処理工場で再処理され、再び燃料としてウラン、プルトニウムが取り出されるというものだが、再処理工場の操業開始が絶望的である以上、厄介ものの〝プルト君〟や〝ウランちゃん〟を含む〝放射性廃棄物〟は引き取り手のない、〝産廃〟と帰しているのである。

中間貯蔵は、空気中にそのまま保管する空冷式の保管で、少なくとも50年は安置されなければならない。その先にはどうなるのか。その時は現在の「原子力ムラ」の面々はいなくなっている。「責任」の取りようはなく、破滅的な〝想定外〟の事故が再び起こるかもしれない。その時に、死者を鞭打っても虚しいばかりだろう（みんな死者か？）。

脱炭素、CO2削減というお題目に、（旧）岸田政権は、グリーントランスフォーメーション（GX）などという、原発の延命、あわよくば新・増設を可能とする〝原発ルネサンス〟の再興を目論んでいる。これは、ウクライナ・ロシア戦争を奇貨とし、エネルギー逼迫の状況を打開するためとして、「原子力」を活用しようとする〝昔の名前で出て〟来たもので、経産省のエネルギー官僚、電力会社、（御用）学者、（翼賛）マスメディアの「原子力ムラ」が、3・11以来、虎視眈々と狙っていた戦略の一端なのである。

彼らは、再生エネルギーの偏重をいい、太陽光や風力や地熱や洋上発電に難癖をつけ、その背後に〝小泉一族〟のような黒幕の陰謀が存在するという主張を、彼らの味方であるメディア（読売、サンケイ、月刊Hanada、月刊WILLなど）で大々的に宣伝する。原子力発電をそのまま礼賛するわけには行かないから（大衆だって、あの事故の〝熱さ〟を忘れるほど忘れっぽいわけではない）、搦め手から、再生エネルギーを扱き下ろし、原発を復活させようと必死になっているのだ。

だが、これらの「原子力ムラ」の策動、あるいは陰謀はことごとく失敗することは目に見えている。交付金に目が眩んだ村長が核ゴミの最終処分地候補として手を上げた寿都と神恵内は、決して適地として決定されないだろうし（そもそも科学的、客観的に見て非適格地であることは明白だ。火山、地震、津波の危険性は大だ）、核燃料サイクルは、とっくの前から破綻している。現実を直視しない、〝頰被り〟や〝知らんぷり〟をいつまでも続けられるはずはないのだ。

「原子力ムラ」の中には、死霊としての〝ゾンビ企業〟が徘徊している。このゾンビ企業が、原子力ムラの〝復興〟の足枷となり、その足を強く引っ張っている。一つは、「日本原子力発電株式会社（原電）」である。この会社は、日本で最も古の東海発電所を持ち、敦賀にも1から3までの原子炉がある。3・11以来、全機の稼働は休止しており（廃炉もある）、1ワットも発電しないまま、十年以上の時日が流れている。

それでも原電は、２０２３年度の決算では売上高97億４千万円であり、利益24億９千万円を稼ぎ出している。売るべき商品が全くないのに、巨額の売り上げがあり、黒字まで出すというカラクリは簡単だ。九電力会社が大株主である日本原電は、売却電力がゼロであっても、各電力会社から、「基本料金」として決まった金額を受け取っているのだ。一般の民間会社ならばとっくの昔に倒産しているはずの会社が、電力業界という伏魔殿の中で、ゾンビ企業として生き残っている。

半分以上、命を失っているこのゾンビ企業が生き延びるとしたら道はただ一つ、現在の企業体制を変更し、所有の原発を廃炉・解体とする業務に特化・再編するということだ。つまり「日本原子力発電株式会社」から「日本原子力廃炉株式会社」への転身のみが、彼らの進むべき道なのである。

もう一つのゾンビ組織は、日本原燃だ。高速増殖炉「もんじゅ」についてはすでに廃炉が決まったが、高速増殖炉を諦めるということは、使用済み核燃料からプルトニウムとウランを抽出し、再度、原子炉の燃料にしようという核燃料リサイクルの回路が完成しないことになる。ＭＯＸ燃料という怪しげなものを燃やす原子炉を多数作り（建設途中の大間原発は、全部がプルサーマル式になるという）、蓄積したプルトニウムを消費するという計画も画餅に帰するのである。

原発の新・増設については、議論の余地もない。原子力発電が、結果的にべらぼうなコスト高であり、水力、火力、太陽光や風力や地熱などの再生エネルギーと比して割高で、価格の優位性は全くない（原子力が割安とされたのは、事故の処理費などを〝想定外〟として計算外にしていたからだ）。いずれ燃料のウラン鉱石も枯渇して高騰するだろうし、原子力発電所を新たに建設するには、自治体、住民たちの許可を得るのはますます困難で、剰え建設の規制、基準は高度で厳重なものとなっており、建設費は年毎に莫大な金額に膨れ上がる。商売としては、100年稼働したところで採算の取れる見込みは全くないのだ。

合理的な頭を持った政治家ならば、原発の新・増設はおろか、既存原発の再稼働も躊躇せざるを得ないだろう。それは経済的合理性と、社会的モラルと、労働者の権利と倫理に反したものだからだ。『北斗の拳』のケンシロウの決め台詞を使えば、「お前はもう死んでいる！」。

日本に徘徊しているのは、まだ〝明るい未来の原子力〟を夢見ているゾンビたちの群れであり、彼らには棺を掩って優しく囁いてやらなければならない。〝安らかに眠りなさい、過ちはもう（イヤというほど）繰返したのだから〟。

なぜ日本は今も原発をやめられないのか

青木美希

なぜ日本は今も原発をやめられないのか

青木　美希

東京電力福島第一原子力発電所事故から13年半、今も日本は原子力緊急事態宣言発令中で、数万人が避難している。しかし原発事故の報道は減り、事故後の福島に赴任したことがある記者すら「もうみんな戻っているのでしょ」と言うほどになった。大学で教えていると、学生から「原発がある地域の少しの人たちには危険かもしれないけれども、大多数の人の電気料金が下がることのほうが大事では」との意見が聞かれる。ＳＮＳでもそうだ。

政府では原発新設のため電気料金を上乗せする検討が行われ、廃炉はいったい何兆円かかるのかわからない。原発はコストが高いということが、なかなか伝わっていない。

原発はいま高くなったわけではなく、歴史をひもといていくと、当初から「このコストをどう国民に理解してもらうか」ということが課題だった。政府が編み出したのが、税金と電気料金で賄い、「原発は安い」とマスコミを通じて広めることだった。福島第一原発事故の帰還困難区域の除染費用が税金で払われるように、電力会社は事故を起こしても倒産しない。日本原電の敦賀原発2号機は原子力規制委が審査不合格としたが、原電はまた審査を申請し直す方針だ。再申請のハードルは高く、何年かかるかわからない。その間の維持費は、東電などを通じて私たちの電気料金で賄われる。

税金と電力料金を電力会社に吸い上げさせ、関係者で利益を囲い込むシステムは今も続いている。

私は祖父が電力会社の社員、父がエネルギーの研究者だったことから、学生時代を含むこの30年、原発を追い続けてきた。

私は新聞社3社の記者をしていた。3社目は全国紙だが、原発事故から数年すぎると上司らに原発取材をやめるように言われるようになり、2020年に記者職を外されてしまった。それでも多くの人から原発について伝えてほしいという声があがり、休みを使ってフリージャーナリストとして取材を続けている。それでも上司らから取材をやめるよう言われる。原発の事実を報じられない苦しさに堪えられず、報道機関を去っていく人たちもいる。原発について伝え続けるのはかくも難しい。そして、そのために事故は忘れられ、日本は震災後の原発低減から転換し、再び原発活用の道を歩んでいる。

この30年で見えてきたのはメディアを含む、原子力既得権益グループの存在だ。

私は証言や証拠を本として世に出そうとしてきたが、数度にわたって勤務先の新聞社に妨げられ、２０２１年には文藝春秋社から出そうと出版申請書を上司に出したところ、不承認とされた。やむなく略歴から社名を削り、個人として休みに取材を重ねてきた結果で２０２３年10月に出版した。おかげで5刷となり、脱原発社会をめざす文学者の会から脱原発文学大賞を受けた。大事なことだと思ってくれた人がこれだけいたのだという証左だ。

報復と社内で言われる人事も圧力も続く。家族にも迷惑をかけている。しかし、私は、伝わらない現実を伝えるために、現場に立ち続けたいと思う。それが知った者としての、メディアに長く身を置いている者としての責務だと思う。

例えばどのようなことが報じられていないのか。

原発事故の影響で、野生キノコや山菜が日本のどの地域まで出荷制限がかかっているか、ご存じだろうか。

出荷制限がかかっている地域で、福島第一原発からの距離が一番遠い地域は、原発からどれほど離れているか。

(1) 60キロ

(2) １６０キロ

(3) 380キロ

講演で必ずこれを聞くようにしている。どれが正解だろうか。

会場では(2)が最も多く、次に(3)、(1)が少数、というケースがほとんどだ。

正解は県や国の公式ホームページで誰でも確認できる。

例えば山梨県のホームページには、昨年10月に富士吉田市の野生キノコのアミタケから220ベクレル／kgのセシウムが検出されたと記してある。静岡県のホームページには裾野市で採ったオオキツネタケから230ベクレル／kg。いずれも基準値の100ベクレル／kgの倍以上で、野生キノコの出荷制限がかかっている。これらは富士山周辺地域と言われるエリアになる。富士山は福島第一原発から300キロメートル離れている。

全国の状況は、林野庁のホームページ「きのこや山菜の出荷制限等の状況について」を見ればわかる。

出荷制限がかかっている場所で、福島第一原発から一番遠いところは、青森県鰺ヶ沢町。原発から380キロだ。

かくも広範囲に影響が続いているが、報道は減り、こうした事実は伝わらない。

記者仲間が「放射線量を書こうとしても削られてしまった」と愚痴を言い合う姿は、すでに日常になってしまった。ある避難者は、具体的に故郷の土地がどれぐらい汚染されたのかを測定しているが、記事にはその数字や汚染について、掲載されなかった。失意のなかで、「記者から手紙が来ました」と見せてくれた。「汚染については、社の方針ですべて削られてしまいました。申し訳ありませんでした」と書いてあった。記者も無念だったのだろう。

避難者はどれぐらいいるのか。復興庁のホームページによると、2024年2月1日現在で2・9万人とある。実際にはさらに数万人多いといわれている。なぜなら、避難先住宅提供を打ち切った人を自動的に避難者から外す自治体が相次いでいるからだ。政府と福島県は2万世帯の住宅提供を打ち切ってきたが、福島県は、住宅提供を打ち切った人を避難者数から一方的に除いている。避難当事者たちが直してほしいと要望しているが、聞き入れられない。私にも「福島県としては、当初から住宅提供をしている人を避難者としている」というだけで、改善には応じない（拙著『いないことにされる私たち』（朝日新聞出版）参照）。

数字の乖離は大きい。福島県双葉町のホームページでは同町から福島県内への避難者は3799人（2024年8月31日現在）とあるが、福島県と政府が公表している避難者数は、わずか323人（2024年夏現在）と、8・5％だ。

双葉町は埼玉県加須市に集団避難した。避難している鵜沼久江さんの自宅は帰還困難区域にある。家は原発から2・5㎞のところで、夫婦で和牛生産をしていた。避難を余儀なくされ、自宅は今も帰還困難区域だ。鵜沼さんは「帰りたいので除染してほしい」と求めている。

鵜沼さんの牛たちは避難できず、牛舎で多くが餓死した。

夫は避難後、がんになり、その後亡くなった。鵜沼さんは「『おれは原発にやられたんだ』というのが最後の言葉でした」と話す。

鵜沼さんは埼玉県加須市の避難先住宅で双葉町の人たちが集まるサロンを行っている。今の住民の困りごとは、住宅提供打ち切りだ。現在、政府と福島県は双葉町、大熊町の人たちのみに避難先住宅提供をしているが、政府と県は全避難者への住宅提供打ち切りを決めた。鵜沼さんは、「ある女性は、住宅提供打ち切りで引っ越し先を探さないとならないけれども、保証人が見つからず困っている」と話していた。

鵜沼さんに2022年に自宅に連れて行ってもらった。地震とその後の年月でつぶれた家。牛舎の床には、白いものが点在している。牛の骨だ。鵜沼さんが言う。

「このまま私たちは見捨てられるかもしれない」

鵜沼さん宅の除染は一向にはじまらない。見捨てられているという、鵜沼さんの言葉の通りだ。

福島第一原発では廃炉作業は大幅に遅れている。溶け落ちた880トンのデブリの取り出しは高い放射線量のため難航し、少しも取り出せておらず、年単位で遅れている。2051年までに終わらせる予定だったが、とても実現できる見通しはない。

被害をなかったことにして、岸田文雄政権は再び原発の最大限活用に舵をきった。なぜなのか。

私はこの30年、答えを探してきた。

わかったのは、政官業学メディア、政治、官僚、産業、学者、メディアの各業界で、原発を推進する人たちがうまみを得る仕組みがあり、彼らが既得権益を手放すまいと、自分たちと異なる意見を持つものを排除する姿だった。

政治では、原発貢献度ごとに電力会社が政治家をランキング分けし、政治資金パーティー券を購入してきた。20万円以下のパーティー券購入が名前を公表せずできることを利用した。麻生太郎氏も購入してもらってきた一人だ。電力会社の役員らが個人として献金をしてきた事例も長く続いた。この事実は、朝日新聞(2014年1月27日、4月22日付)や共同通信(2011年7月23日)が報道している。

経産省官僚らは退職したのちに再就職する「天下り先」として電力会社と密接につながっ

ている。経産省は２０１１年5月2日に過去50年間に68人の幹部が電力各社に再就職したことを明らかにした。産業界は、税金や電気料金を原資にした原発マネーで恩恵を受けている。学者は研究費や教え子の就職先を世話してもらうなどして互いに依存する関係、メディアは電力会社から広告費をもらったり、記者の天下り先となるなどしてつながる。既得権益層は「原子力ムラ」と呼ばれ、福島第一原発事故後も続く。

あるジャーナリストは、福島第一原発の事故現場の写真を新聞社系の週刊誌に掲載しようとしたところ、新聞社の科学記者から「東電の許可を得ていない写真だ」と掲載をやめるように圧力がかかった。

政治では、パーティー券を買ってもらっていた政治家２人に、「今でも電力会社に買ってもらっていますか」と私が聞いたところ、いずれも「買ってもらっていると思う」との回答だった。官僚の天下りは事故後も続き、東京新聞は、経産省17人を含む国家公務員71人が電力会社の関連団体に再就職したと報じた（２０１５年10月４日）。

原発事故当初は原発ゼロを訴えていた大手紙は、原発事故による汚染や避難者の報道を避けるようになり、ある原子力専門家は２０２４年春に「取材を受けた時に原発ゼロと書いたら、と言ったら、『今は書けないんです』と言われた」と話していた。

原子力ムラの村長は首相だ。

原子力ムラを支える原資は、私たちの税金と電力料金。いずれも政府の政策で決めてきたことだ。この政策を変えれば、変えられる。

しかし、ここにも異論を排除する動きが執拗にある。

前回の総裁選時、河野太郎氏が原発について持論を言ったとたんに、「河野さんを支持する議員らへの嫌がらせが相次いだ」と陣営の議員が話していた。原発に否定的発言があった途端に既得権益を持つ集団が攻撃する。

今回の総裁選は9人が立候補するなか、石破茂氏は今回の総裁選で唯一「原発ゼロ」と記者会見で発言した。

「ゼロに近づけていく努力を最大限にする。再生可能エネルギー、太陽光であり風力、小水力、そして地熱、こういう可能性を最大限引き出していくことによって、原発のウェイトは減らしていくことができる」（2024年8月24日、鳥取県）。

私は驚かなかった。

石破氏は、2020年10月20日、私が原発について訊ねに行った際に、自ら「原発ゼロであるほうが望ましい」と話し、その理由や思いを語っていたからだ。

石破氏に、私が自衛隊幹部に「原発がこれだけ点在していては、自衛隊の装備で守り切れない」と言われたことを訊くと、石破氏は「私は大臣として『どうすんだ、それ』と言ってきました」と懸念していたことを認めた。

この石破氏のインタビューは『なぜ日本は原発を止められないのか？』（文藝春秋）に収録し、全編を私のYouTube「あおタイムス」で公開している。

２０２４年９月10日の党総裁選の記者会見では、再エネを最大限に引き出すなどして「原発のウェイトが減っていくことは結果として起こりえる」と語り、軌道修正したとも報じられた。石破氏周辺によると、原発推進勢力からの働きかけが続いているという。

日本がこれからどうなっていくのか。ひとり一人が主体性をもち、選挙に行くようになれば、日本が民主主義の国に近づく日が来るかもしれない。

青木美希（あおき・みき）
札幌生まれ、ジャーナリスト・作家。北海タイムス、道新、全国紙で記者をしてきた。初めての単著『地図から消される街』で貧困ジャーナリズム大賞など３賞受賞、『いないことにされる私たち』。『なぜ日本は原発を止められないのか？』（文藝春秋社）で脱原発文学大賞を受賞。日本ペンクラブ言論表現副委員長。YouTube「あおタイムス」で現場から発信中。

光と交（まじ）わる女
――村田喜代子論

川村湊

光と交わる女――村田喜代子論

川村　湊

1

村田喜代子の出世作『鍋の中』（第九十七回芥川賞受賞作）が、日本映画界の巨匠・黒澤明監督（世界のクロサワ！）によって『八月の狂詩曲』（一九九一年公開）として映画化されたことはよく知られている。そしてこの巨匠作品が公開当時、ある種の批判の対象となったことも忘れられてはいないだろう。その批判は、主に一部の外国人新聞記者やジャーナリストたちからのもので、映画の中の日系アメリカ人であるクラーク（主人公であるおばあさんの弟の孫に当たる――米国の有名な俳優リチャード・ギアが演じた）が、アメリカの原爆投下（ヒロシマ、ナガサキの二か所）について謝罪しているという点においてだ。つまり、アメリカ合衆国は、敵国とはいえ、都市での原爆使用について政治的、軍事的、道義的責任を負っているのであり、被爆国日本にその許しを乞うているという設定についてだ。（ただし、クラークの「スミマセンデシタ」というセリフは、直接的には、長崎にいた叔父の原爆死について知らなかったことを謝るもので、それが米軍による原爆投下についての謝罪かどうかは曖昧である）。

日本に〝原爆神話〟があるように（それは神の摂理だといった言説もあった）、アメリカにはアメリカの〝原爆神話〟があった。それは、原爆投下という〝戦争犯罪〟の責任を回避しようとするもので、原爆使用を肯定的に受け止めるものだった。あくまでも軍事的抵抗（玉砕攻撃！）を辞めない日本軍の戦意を挫き、日本への上陸作戦となったなら、四十万人にも及ぶ米軍兵士の生命を救ったというものだ。もちろん、日本側にも相当数の戦死者が出たはずで、それらの日本人犠牲者の命をも、「リトルボーイ（ウラン爆弾）」と「ファットマン（プルトニウム爆弾）」と名づけられた二発の原子爆弾は救ったというのである。

つまり、アメリカによる原爆投下は戦争を停止させるために止むを得なかったのであり、原爆投下という〝犯罪〟は免責されるべきであり（いや、積極的に Not Guilty である）、映画中でクラークが、米国人を代表するかのようにして日本国民を代表する形の、国籍の異なった従兄弟たちに謝罪する必要はなかったというのである。

また、これまでに、日本映画が繰り返し日本を一方的な被害者として「原爆映画」を製作し続けてきたこと（『ヒロシマ』から『長崎の鐘』、『黒い雨』や『はだしのゲン』に至るまで）への往年からの（米国側の）反撥が底流してあったのかもしれない。

ところで、『八月の狂詩曲』の原作とされる『鍋の中』には、このアメリカ移民となった伯父（ハワイでパイナップル農場主として成功した）の孫であるクラークという登場人物は存在せず、長崎への原爆投下というモチーフも全くといっていいほど無い。おばあさんの家で一夏を過ごす従兄弟（いとこ）（姉妹）たちの話が中心で、原爆の「ゲ」の字、長崎の「ナ」の字も見当たらないのである。

だから、もちろんクラークが米国の原爆投下を謝るというエピソードは原作には存在せず、そうした〝原爆神話〟に関わる問題は、映画『八月の狂詩曲』についてのみ語られるものであり、原作小説とは何の関係もない。

つまり、『八月の狂詩曲』に表現される「原爆」のテーマは、黒澤明が原作小説に付加した、あるいは捏造、歪曲した結果のものであり、原作者としての村田喜代子が、この映画に対して不満を表明したというのももっともだと思われることなのだ。彼女は『別冊文藝春秋』（一九九一年夏期号）に「ラストで許そう、黒澤明」という文章を書いている。芥川賞を受賞したばかりの一介の新人作家が、映画界の巨匠に物申す態度としてはやや尊大で、生意気な文章と受け止められないことはないが、一時期にはシナリオライターを目指していたこともある作家にとっては、映画と小説とは別物と言いながらも、原作には全く無い「原爆」や「戦争」のテーマと表現とが作品の前面に登場することには、違和感を拭い去ることはできなかったということを卒直に書いている。

村田喜代子は、そこで、自作『鍋の中』がすでに演劇化されていることを述べている。飯沢匡（ただす）の脚本・演出により、村瀬幸子の主演によって上演されているのである（一九八八年、青年劇場）。興味深いのは、主人公の「花山苗」というおばあさん役を演じた村瀬幸子は、映画『八月の狂詩曲』でもおばあさん役者と同じキャストであり、飯沢匡の演劇作品と、そうした点で黒澤明の映画作品とは互いにコラボして、共通性を持っているのであり、黒澤明は直接的には演劇としての『鍋の中』を観ることによって映画化のインスピレーションを得たのかもしれない。

村田喜代子は、飯沢匡作品や黒澤明作品にあって、自分には無いものは「戦争」だといっている。映画・演劇の両作品において主人公だった村瀬幸子も含めて、三人の表現者としての「老人たち」の根源にあるのは「戦争」を通過しているということであり、敗戦直前に生まれた村田喜代子（一九四五年四月生）にとっては、そうした感覚は生得的には得られないものであり、そうした感覚の〝すれ違い〟は、不可避なものなのだ。彼らは「戦争」を「通過している」のであり、『鍋の中』の「花山苗」の〝老人ボケ〟ぶりに、彼らには忘れようとしながらも、忘れられないものとして、「戦争」そしてそれと密接に関わる「原爆」といったものがあり、それは明確に〝認知〟されなければならなかったものなのである。

村田喜代子の『八月の狂詩曲』への不満が、自分の小説を勝手に改作されたというレベルにあるのではないことは、確かである。黒澤明監督は、核戦争による放射能恐怖症の男を描いた『生きものの記録』（一九五五年）、『夢』（そのうちの第六話「赤富士」と第七話「鬼哭」が「核戦争」「核爆発」に関連するテーマである。一九九〇年）などの作品によって、原水爆や放射能の恐怖を映画作品の中に取り込めた映画作家であり、それは彼の作品の底流にあるモチーフの一つである（拙著『銀幕のキノコ雲』インパクト出版会、二〇一七年・参照）。

『鍋の中』という、どちらかというと、牧歌的で、民話調の物語世界に「原爆問題」というシリアスな問題性、社会性を付与して見せたのは、黒澤明の強い、個性的なテーマを貫こうとしてのことだろう。つまり、単に、原作小説を勝手にいじくりまわしたことへの反撥や不満によって、この作品（『八月の狂詩曲』）が（原作者の村田喜代子からの）批判されたとは思われない。村田喜代子は、「三人の老人（飯沢匡、黒澤明、村瀬幸子）」の「戦争」というモチーフの強さに驚いたのであり、逆に戦後派として自分の中にそれが無いことがはっきりと自覚させられたのである。

2

『鍋の中』から三十年の以上の時を隔てて書かれた村田喜代子の新作『新古事記』（二〇二三年、新潮社）が、ニューメキシコ州のロスアラモスで実行された、〈原子爆弾〉開発を目標とする〝マンハッタン計画〟を主題の背景としたものであることは、『鍋の中』と『八月の狂詩曲』との問題を記憶している者にとっては極めて興味深い（同じようなテーマを扱ったアメリカ映画に『シャドー・メーカーズ』〔ローランド・ジョフィ監督、一九八九年公開〕がある）。なぜなら、ヒロシマ、ナガサキに投下された原子爆弾を製造するアメリカの軍事的、科学的、経済的な総力をあげて行われた国家的な一大ミッションが、〝マンハッタン計画〟であり、原爆被害に苦しんだヒロシマ、ナガサキの被爆者にとっては、計画を推進した〝オッペンハイマー博士〟らの名前とともに、絶対に忘れることのできない固有名詞なのだからである。『新古事記』は、〝マンハッタン計画〟に参加するために招集された物理学者（ベンジャミン・バード）の許嫁（いいなづけ）である若い女性が主人公となっている。作中、〈あたし〉という一人称で語っているのは、アデラ・クラウド。「Y地」にある「オッタヴィアン動物医院」の受付係（兼看護助手）として採用され、赴任してきた日系三世の女性である。

アメリカ合衆国の国家的機密プロジェクトのためにニューメキシコ州のだだっ広い、インディオ居住地だった高地の〈Y地〉に建設されようとしている実験都市に、全米、いや全世界から軍人、科学者、技術者、建築労働者、工場労働者、その家族とサービス業のありとあらゆる職種の人々が蝟集してくる。彼らの目的・目標はたった一つ、ナチスドイツよりも早く、人類最初の Atomic Bomb〈原子爆弾〉を製造することである。

ウラン鉱石に含まれるウラン235をウラン238から分離し、5〜10%にまでに純度を高め(濃縮ウラン)、爆縮させることによって臨界状態にさせ、核分裂反応を起こさせる。この時に、数十万度の熱と強烈な爆風、厖大な破壊エネルギーが生まれる。これが、〈原子爆弾〉である(もう一つの方法は、人造のプルトニウムを使う方式である)。

もちろん、物理学にも、軍事にも明るくない〈あたし〉は、許婿のベンジャミンがそんな国家的プロジェクトに携わり、自分が思ってもいないところで、そんな人類史上画期的な事態が進行していることなど、夢にも思っていないし、厳重なゲートで閉ざされた〝内側〟とは直接的に関わらず、その〝外側〟にある、〈Y地〉に移住してくる人々のペットである飼い犬たちの世話をし(給餌や散歩)、その妊娠や分娩の手助けを行う――「オッタヴィアン動物医院」で勤務するという生活を送っているのである(病院も建設途中であり、医者と看護婦はいるのだけれど、それだけでは到底手が足りず、〈あたし〉も看護助手として活動しなければならない)。

〝マンハッタン計画〟のすぐ傍らにいながら、結局は部外者であり、傍観者でしかない〈あたし〉という存在。それはアメリカと交戦中の日本という国に縁のある者であり、本来ならそこから排除されても仕方のない存在だったかもしれない。

どんな国家的な巨大なプロジェクトであったにしても、それを直接的、間接的に支え、関与し、携わる厖大な無名の、無数の人々がいることは当然だ。原爆製造計画である〝マンハッタン計画〟には、その指揮者、指導者として、オッペンハイマー博士やグレーブス将軍の名前が記録されているが、当然のことながら、彼らの生活を続けさせるために、さまざまなエッセンシャル・ワークのサービス労働が行われていた。〝マンハッタン計画〟に携わる従業者たちの生活の快適さと精神の安定のためにも、〝ペットたちのための動物医院〟の存在は必要不可欠なものだったのだ。

また、若い世代や働き盛りの研究者、科学者、技術者を集めて、長期間従事させるために、カップルやファミリーでの移住を要請したために（機密保持のために、家族とともに囲い込むという意味もあったのだろう）、新生児の出産も盛んだった。〈あたし〉の周りでも、若い妻たちはポコポコと妊娠し、子どもを産むのであって、まさに犬の仔のように彼らは産まれてくるのである。

『新古事記』の標題通り、この小説は、〝国生み〟〝子孫産み〟の物語であって、〝マンハッタン計画〟の脚元ではまさに期せずして〝人口増大計画〟〝出産計画〟が同時進行的に展開していたのである。つまり、オッペンハイマーやフェルミやボーアやグレーブスなどの男性の科学者や軍人たちによる、〝原子の子・アトム（ボムブ）〟の誕生の物語が〝マンハッタン計画のメインのテーマだとしたら、その裏側の女性たちの妊娠・分娩という出産の物語こそ、村田喜代子の書きたかった〝もう一つ〟の物語であるといえる。

作家は巻末の「謝辞」において、この小説が、フィリス・K・フィッシャーというアメリカ人女性が書いた『ロスアラモスからヒロシマへ　米原爆科学者の妻の手記』（時事通信社、一九八六年）という原爆開発をめぐる秘話の手記を下敷きとしたものであることを、明確にしている（日本語訳は「橘まみ」という四人の翻訳者の共同訳者名で時事出版社から刊行されている。現在は電子出版キンドルで無料公開されている）。

村田喜代子は、こう書いている。

結婚したばかりの彼女は、世界と隔絶した岩山の台地で両親に住所を知らせることもできず、夫の仕事の内容も教えられなかった。私は読みながら自分がとんでもない世界に入り込んで行くのを覚えた。秘密裏に進む夫たちの原子爆弾開発と、それと知らず家事と子育てに明け暮れる学者の妻たちの日々がある。

つまり、『新古事記』という小説に書かれたことはおおかたノンフィクションであり、これは、実際に原爆製造に携わることになった夫の物理学者に伴い、ロスアラモスの〈Y地〉に赴いたアメリカ人女性の実録とも言える作品なのである（ただし、主人公が日系三世であり、日本の神話や漢字に興味を持っているという設定はフィクションだろう）。

3

オッペンハイマーの悲劇として伝わる〝伝説〟がある。原子爆弾が広島、長崎に投下された後、原爆開発に多大な功績を残したオッペンハイマー博士を、原爆投下を命じた時の米国大統領トルーマンが大統領執務室に招待し、その功をねぎらった時、オッペンハイマーは、自分の手は血で汚れているといった。もちろん、自分が開発した原子爆弾二発が実戦に使われ、広島・長崎の両都市を壊滅状態に陥れたことを言っているのだ。それに対し、ハリー・トルーマン大統領は白いハンカチを取り出し、その血はこれで拭い取れば良いと言ったというのだ。

二〇二四年に公開されたハリウッド映画『オッペンハイマー』（クリストファー・ノーラン

監督）ではこの場面が少し違っている。手が血で汚れているというオッペンハイマーに対して、トルーマン大統領は「日本人は、原爆を作った人間と、原爆を落とした人間のどちらを恨むだろうか」と、問い返すのだ。映画の原作にあたるカイ・バード＆マーティン・J・シャーウィンの『オッペンハイマー』（河邉俊彦・山崎詩郎訳、ハヤカワノンフィクション文庫）によれば、トルーマンは「血で汚れて居るのはわたしの手だ。君は心配しなくてもよろしい」といい、「手に血が付いたって？　ちきしょう。おれの半分も付いていないくせに！愚痴ばかりこぼして歩くな」と言ったというのだ。

血は拭き取ればいいと、いったトルーマンと、俺の半分しか血は付いていないというトルーマンとのどちらの側に日本人は共鳴する（あるいは反撥する）だろうか。オッペンハイマーが原爆投下に対して罪責感を感じ、贖罪感を持ったことは確かだろう。だが、もちろん、その贖罪感は徹底的に〝遅れている〟。そんな遅すぎた〝贖罪感〟を持つよりも、トルーマンの〝半分〟ほどの〝罪の慄き〟を感じてくれた方がまだマシだと思うほどだ（私〔川村〕の個人的な見解である）。

〝マンハッタン計画〟の開始から関わっていたフランクリン・ルーズベルト大統領（第三十二代）と違って、副大統領だったトルーマンは、原爆開発計画に関しては〝蚊帳の外〟に置かれていた。爆弾の完成を聞いたのも、ルーズベルト大統領の急死の後を襲って、第三十三代大統領に昇格した後のことだろう。だからこそ、トルーマンは日本の二都市への原爆投下を躊躇いなく決意できたという〝伝説〟がある。

ルーズベルトだったら、日本への原爆投下はなかっただろうか。いや、莫大な経費と厖大な知力と技術力、被曝・健康障害という犠牲を払ってまで完成させた新型爆弾、新型兵器を〝使わない〟という選択肢は誰が大統領であったとしても、あったとは思われない。それは議会に対して、厖大な予算を費やしたことへの申し開きが立つはずもなく、国民の大多数の賛同を得ることまずもって不可能なことだからだ。最初の目的、ナチスドイツが降伏してしまった以上、まだ抗戦を続けている日本がその実験場となることは必定だった。オッペンハイマーたち科学者は、人体実験に近いこの原爆現場の爆発効果が見たいという願望と、その結果の悲惨さの予測との間で宙ぶらりんのような気持ちになっていたはずだ。使うとしたら何時か。使うとしたらどこの都市か、どこの地域か。

原爆の威力を知るだけなら、海中でも、山野でも、無住の地でも良かったはずだ。また、都市部ならば、予め投下を告知し、そこからの避難、回避を呼びかければいい。それによって、無駄な非軍人、市民、婦女子の犠牲を少なくすることは可能だ。しかし、こうした配慮は結果的に採られることはなかった（投下直前に、警告のビラを撒いたといった真偽不明の情報は今でもあるが）。

アカデミー賞作品賞、主演男優賞をはじめとして各映画賞を総なめにした『オッペンハイマー』は、天才的物理学者と言われ、〝マンハッタン計画〟を成功に導き、米軍兵士の命を多く救ったとされる英雄オッペンハイマーを主人公とした実在の人物を描いた映画作品だが、この映画が、村田喜代子の『新古事記』と踵(きびす)を接するように、同時期に日本において発表されたことに私は暗合のようなものを感じずにはいられない(『新古事記』は、二〇二四年八月刊、『オッペンハイマー』は二〇二四年三月公開)。それは四半世紀以上前に、『鍋の中』と『八月の狂詩曲』が〝コラボレーション〟していたのと相似形をなしていると思われるのだ。

『新古事記』にも「オッピー」と愛称で呼ばれるオッペンハイマーは出てくる。しかし、もちろん彼はこの長篇小説の主人公ではない。主要な登場人物と言えるほど精彩を放つ人物でもなく、〈あたし〉の夫であるベンジャミンの上司であるというだけの存在のように思える。映画『オッペンハイマー』の主人公が、悩み、苦悩する男だとしたら、『新古事記』の「オッピー」はあくまでも脇役の、副次的な人物にほかならない。第一の核爆弾の爆破実験成功の暁、原爆の閃光の下で「オッピー」は、こう呟いたと伝えられている。「われは死なり。世界の破壊者となれり」と。

ヒンズー教(バラモン教)の経典『リグ・ヴェーダ』から採られたこの言葉は、「死」と「破壊」の神であるシヴァ神のものであるらしい。オッペンハイマーたち、男である軍人、科学者、技術者たちが粒々辛苦の末に創り上げたものは、まさに「死」と「破壊」を象徴する〈原子爆弾〉だった。それは現実にヒロシマとナガサキに厖大な「死」をもたらし、都市を壊滅される「破壊」を実現させたのである。

そのために、原爆開発計画（マンハッタン計画）を主導し、それを実現するまでに持ってきたオッペンハイマーの〝手は血で汚れている〟。しかし、実際に原爆が造られ、それが現実に敵国日本に対して使われたという〝事実〟を前にして、彼がそうした〝泣き言〟をいうのは、覆された盆の水を嘆くことよりも簡単なことだ。ナチスドイツよりも先に原爆開発に成功し、その開発競争に勝利した時に、彼らはその成果を封印しても良かったはずだ。ヤルタ会談に間に合わせて核実験を行うことは、軍人のグローブスならともかく、科学者オッペンハイマーには与り知らぬこととしても良かったことだろう。しかし、「オッピー」たちは、三個（二種）の原子爆弾を完成させ、それを〝グランド・ゼロ〟の地において爆破させる核実験に成功したのである（その〝グランドゼロ〟の地の先にヒロシマ、ナガサキ、ビキニ、スリーマイル、チェルノブイリ、フクシマがある）。

男たちはニューメキシコ州のロスアラモス、プエブロ族の先住民族居住地の〝新世界〟において、〝死と破壊〟の象徴にほかならない〈原子爆弾〉を産み出したが、それに帯同されたはずの女たちは、せっせと新しい生命、人間や犬の仔たちをその地に産み落としたのである、メリーも〈あたし〉も。男たちが深刻ぶっているのに対し、〈あたし〉たち、女たちは深刻ぶらない。「オッピー」が、インドのヒンズー教の神話、「死と破壊の神」シヴァ神を思い浮かべるように、〈あたし〉は、祖父ヒコジロウの妻サーシャお祖母さんのノートにあったジャパニーズの天地の始まりの神話を思い浮かべる。それはこんな具合だ。

　天とも地とも海とも見定められないどろどろした所に、草とも虫ともつかない変な生きものが、芽を出したっていうか、頭を出すのを見た。
　それから揺らぎながら手みたいなものが生え、足みたいなものが生えたるでもやっぱりその蠢くものは草といえば草で、虫といえば虫のようにも見える。その顔のようなところに眼が出来て、手足を振っている。

これと対応するのは、稗田阿礼が伝誦し、太安万侶が書記したといわれる『古事記』の巻一にある、こんな記述だろう。

　天地が卵の黄身と白身のように二つに別れ、下に重く凝（こご）れるものが地となり、上に浮かび上がるものが天となった。〝天の真ん中の神〟がまず現れ、次に〝神を生産する神〟、次に〝国を生産する神〟が現れた。これらは独身(ひとりみ)の神だった。水の上に萌え上がる葦牙のように浮かび上がって来たのが、〝土中の葦牙のような神、〟アシカビヒコヂの神だった。

ただし、村田喜代子の依拠した原文は、かなり改変されたもののようで、一般的に通用している真福寺本を底本とした『古事記』の原文とかなり乖離したものである。村田喜代子が引いている本文は、むしろ天理教の教祖・中山ミキの『泥海古記』にある天地の始源の記述に近い。天地の始まりを体験した神は、淋しいので魚と蛇をモデルに人間を作った。泥海の中から生まれた人間は、どじょうや鰻にも似た身体を持ち、顔を持った。ヌルヌルとして捉えどころのない生き物には、手足が生え、目を持った顔があった。中山ミキの天地の始まりの想像力は、田んぼの泥の中を這いずり回る稲作農業民（百姓！）たちの実感と体験とに裏打ちされていたのである。

また、これは〝マンハッタン計画〟によって作られた原子爆弾が、ヒロシマとナガサキで引き起こした〝人類史上最悪の悲劇〟の被害者たちの様相をも思い浮かべさせる。破壊された瓦礫と泥濘の世界を、身体中を焼け爛れさせた、人間でありながら人間でないもの、真っ黒な、目鼻さえ判然としない焼け焦げた生き物が、幽鬼のように、水と救助を求めてさすらい歩く姿を、である。

それが新しい世界の始まりだった、といえば私たちは何と反論することができるだろうか。〝原子力時代の幕開け〟は、そうした泥海の混沌さ、混迷の中から始まっている。それはまさに目鼻のつかない〝混沌〟なのであり、目鼻が生じた時、その〝混沌〟は生命を失うのである（道教教典『荘子』には、「混沌」に目鼻が付いた時に死んでしまうという伝承がある）。

4

アメリカ合衆国で広く通用しているのは、〝原爆投下が戦争の終結を早めた〟、つまり結果的に原爆の開発、投下、爆撃は日米両国民のそれ以上の被害、犠牲から救ったというものだが、日本で通用する〝原爆神話〟の一つは、（二発目の）原爆投下地は、偶然によるものだったという〝神話〟だった。

最初の被爆地広島は、西日本地方の大きな都市であり、軍港、軍事産業の盛んな軍事都市であることからイの一番の攻撃候補地となった。二番目は小倉だった。北九州の工業地帯の中心都市であり、工場、港湾、運輸の中心地だった。しかし、一九四五年の八月九日の午前十一時二分に原爆搭載機ボックスカー一号が発見したのは、分厚い雲の層であり、それに覆われた小倉の街は目視できなかった（前日の八幡市への大空襲時の煙が残っていたとも伝えられる）。急遽、攻撃目標は長崎へと変更され、爆撃機は長崎上空に移ったが、そこも雲が厚く覆っていた。しかし、一か所、雲の切れ目があって、爆撃機はその隙間にプルトニウム爆弾「ファットマン」を投下した。それは長崎浦上の浦上天主堂の真上近くだったのである。

長崎が被爆地ナガサキとなったのは、その地の天候の偶然の事象によるものであり、小倉が二発目の被爆地とならなかったのも、〝偶然〟によるものにほかならない。気候現象による偶然の幸運と不運。それが長崎市民と小倉市民との明暗を際立たせたのである。『新古事記』の前に書かれた『八幡炎炎記』（平凡社、二〇一五年）には、この二発目の原爆投下目標・小倉区の悲喜劇が冒頭に描かれている。洋裁師の瀬高克美とその妻のミツ江は、広島から駆け落ちして八幡に移ったからこそ、ヒロシマでの原爆死から免れたのであり、同様に小倉からナガサキへと二発目の原爆の投下先が変わったからこそ、そこでも再びの幸運によって原爆の犠牲となることから免れることができたのである。

ところで、村田喜代子は、一九四五年八月九日の朝にどこにいたのだろうか。『八幡炎炎記』が作者である村田喜代子の自伝的小説だとすれば、主人公の「貴田ヒナ子（村田喜代子の旧姓は貴田)」は、八幡市(現北九州市八幡区)にいた。生後四か月。もしも二発目の原子爆弾が計画通りに「小倉」に落とされていたとすれば、十キロ程度しか距離のない八幡には完全に爆弾の影響下にある(長崎の場合は、爆心地から直径十二キロの範囲が被災地とされる)。つまり、村田喜代子は、幻である〝コクラ原爆〟では明らかに被爆者となったはずであり、命を落としていたか、ヒバクシャとして原爆症に苦しんでいたかの、どちらかの運命を甘受しなければならなかったはずだったのである。一九四五年八月九日の朝の天候次第では、彼女は被爆死という運命を引き受けざるを得なかったかもしれなかったのだ。

村田喜代子は、映画『八月の狂詩曲』に触れた文章で、三人の老人(飯沢匡、黒澤明、村瀬幸子)にあり、自分にないものとして「戦争」を挙げていた。しかし、実は彼女の「生」の初めには戦争の〝大いなる影〟が存在していたのであり、被災地ヒロシマに次ぐ被災地としての〝コクラ〟が実現していたとすれば、彼女もやはり「戦争」に生殺与奪の運命を握られていたと言えるのである。つまり、黒澤明たちの「戦争」に対し、村田喜代子(私「川村」も含めて)たちは、「被爆、ヒバク」を通過して来たのであり、三・一一後の日本列島に棲む人間はすべて「ヒバクシャ」たらざるをえないのだ。

『八幡炎炎記』と、その続編『火環(ひのわ) 八幡炎炎記 完結編』(平凡社、二〇一八年)には、被爆した登場人物と、そこから辛うじて逃れてきた登場人物のこだわりが濃く描かれているのは、そうした作者の「生死」が、まさに「原爆＝戦争」という破壊神シヴァの手によって操られていたことを知ったからである。

5

村田喜代子がこうした覚醒に至った経緯には、彼女が〝光と交（まじ）わった〟経験があるからである。この光とは放射線のことであり、太陽光線を、α（アルファ）、β（ベーター）、γ（ガンマ）の三つの線と同じく、宇宙から降り注ぐ〝放射線〟と見立てたことから始まるものだ。

〝光と交わる〟ということを言えば、大隅正八幡宮に伝わる〝太陽（日光）感精神話〟がある。震旦国（中国）の王の娘のオオヒルメ（大比留女）は、夢の中で、朝日を胸に受けることによって〝感精〟し、身篭もる。これに驚いた国王はオオヒルメを空船に入れて海に流すと、大隅の浜に漂着した。そこに八幡宮を建て、正八幡宮と称したと、『八幡愚童訓』（『日本思想大系　寺社縁起』岩波書店）にはある（これが八幡神の出自として最も古い伝承だろう）。

これは明らかに『三国史記』（東洋文庫）の高句麗建国神話の一つである朱蒙（チュモン）（東明聖王）神話と同質のものであり、河神（河伯）の娘である柳花（ユファ）が金蛙（クムア）によって一室に閉じ込められ、射し込む日光の当たるを避けようとするが、日光は彼女を追い、やがて彼女は大きな卵を産み、そこから高句麗王朝の創立者・朱蒙が誕生するという神話である。

対馬の天道神話、記紀のアメノヒボコ（天日槍、天之日鉾）神話にも通じる（アメノヒボコの妻のアカルヒメは、太陽光の当たった赤い石から生まれた）、これらの神話は、太陽光と〝交わる（交接する）〟ことで、異常出産し、その子孫が傑出した英雄、神人になるという共通したとも言える物語を孕んでいる（最高神としての太陽神を崇める民族の父祖神話である）。

もちろん、村田喜代子の場合の〝光と交わる〟ことというのは、このこととは違う。『焼野まで』（朝日新聞出版、二〇一六年）という小説の語り手である「わたし」は、九州最南端の街（鹿児島）のオンコロジー・センターにX線照射の治療のために通院しているガン患者である。

「わたし」は子宮体ガンの治療のために、看護師をしている娘の反対を押し切ってまでして、最先端とも言われる放射線治療を受けに、このオンコロジー・センターへとやってきたのである。ガン化した部位を切除する外科手術や、抗ガン剤投与による治療が一般治療とされている腫瘍医学（オンコロジー）の世界において、放射線医療をメインとすることは、異端的なものといえるだろう。放射線量治療は、あくまでも補助的な物であり、転移を防いだり、〝念の為に周辺のガン細胞を叩いておく〟ために実施される（私の妻が肺ガン放射線治療を受けた時に、担当医がそう言っていた）。「わたし」は、一日に二グレイの放射線を患部にピンポイントで照射される。一グレイは、百匹のネズミの致死量に当たるという。すると、一週間に受ける十四グレイは、ネズミ千四百匹の致死量で、「わたし」は一週間の治療を受けると、千四百匹のネズミの死骸をゾロゾロと引きずって歩いているような気にさせられるのだ。

ヒロシマ、ナガサキで被爆した人たちは、即死した人たちを除いて、みんな放射線障害に悩まされた。髪の毛が抜け、嘔吐、下痢を繰り返し、疲労感、倦怠感に襲われ、細胞がガン化し、全身が衰弱する原爆症は、やがて緩慢な（あるいは急激な）死を被曝者たちにもたらす。

「わたし」は、そんな放射線を浴びて、生き延びようとしている。ガンを引き起こす放射線を、ガンを殺すために照射する。矛盾でもあり、ある意味では滑稽なことで、不条理なことだ。千四百匹のネズミを従えて歩くような非喜劇であるだろう。

『焼野まで』の「わたし」を、作者の村田喜代子自身のことであると考えると（それを否定する要素は、この作品にも、似たような現実的背景を持つ短篇集『光線』［文藝春秋、二〇一二年］にもない。村田喜代子の小説的作品と言ってよい）、村田喜代子は子宮体ガン治療のために、一匹のネズミの致死量の百倍の放射線、目に見えない〝光線〟を、生殖、受胎、出産に関わる「子宮」に浴びて、ガン死から甦ることができたのだ。〝光と交わる〟というのは、そういう意味である。

先述したように、三・一一（フクシマ原発事故）以来、日本列島に棲む人々は、多かれ少なかれ「ヒバクシャ」となった、という言い方がある。私たちは、ようやくヒロシマ、ナガサキの被爆者と同じような次元に立って、戦争、原爆、被爆、被曝の問題を考えることができるようになったと言ってもいい。ヒバクシャ作家である林京子（一九三〇～二〇一七年）が〝長い時間をかけた「（ヒバクシャ）個人」の経験〟を、〝長い時間をかけた「人間」の経験〟へと変化させてゆくことができたのも、この土地に住むみんなが被曝者になりうるという原子力発電所の大事故の経験を、私たちが何度かしてきたからだ（もちろん、スリーマイル、チェルノブイリ、東海ＪＣＯ、フクシマの経験だ）。女学生時代に長崎で被爆し、多くの級友を失った林京子は、多くの時間を費やした末に、アメリカに渡り、一年間に一回限り公開されるというロスアラモスの原爆実験基地、〝トリニティー〟に立つことができた。長崎に投下されたプルトニウム原子爆弾「ファットマン」の誕生の地であり、彼女の〝長い時間をかけた人間の経験〟の原点の場所なのである。

林京子にとって、このロスアラモスの〝グランド・ゼロ（原爆実験の直下地点）〟が、被曝体験の最も根源的な場所であり、生涯に一度は訪れなければならないという〝運命的な場所〟であったことは疑う余地はない。最初に砂が、土が、石が、岩が、空気が被曝し、汚染された。それから蟻が、サソリが、蜘蛛が、蛇が、野ネズミが、野ウサギが被曝し、汚染されて死んでいった。「生命」それ自体がそこで、決定的に被曝し、「死と破壊」の神の嘉する曠野、墓場へと化したのである。

福島原発事故の最中に放射線癌治療を受けた村田喜代子が、林京子と同じように、ヒロシマ・ナガサキの原子爆弾による放射線被害の原点としての、アメリカ合衆国ニューメキシコ州のロスアラモスの〝グランド・ゼロ〟の地点に向かってゆくことは、必然的であったということが可能だろう。あの時、あの場所で行った何が行われていたのか。そして何を地球上にもたらしたのか。それも、オッペンハイマーやグレーブスのような直接的な男性の〝関係者〟ではなく、間接的に、男たちの原爆開発というミッションを支えた女たちの心の中、感情や思想や生活を観察し、追体験してみようという試み——それが村田喜代子の『新古事記』の創作の大きな理由だったのである。

ロスアラモスの〝グランド・ゼロ〟の近く、トリニティ・サイトでは男たちは原子爆弾、リトルボーイとファットマンを〝産み出そう〟としていた。しかし、女と犬たちは、その傍らで、人間の子と犬の仔を産み出していた。それは、トリニティ・サイトの女たちが、男たちが産み出そうとしているものが、地球の破滅や人類の絶滅に関わるものであることに、無意識的に、無自覚に知っていたからかもしれない。核分裂（原子爆弾）も、核融合（水素爆弾）も、それによって生み出される放射線も、自然現象であり、それ自体に罪があるわけではない。放射線も、人体にとって破滅的でもあれば、ガン治療やレントゲン検査として医学的に有用なものでもある。つまり、それらは「生」と「死」の両面を持つ双面神なのだ。この時、ヨモツヒラサカ（黄泉平坂）の大きな岩を境にして、イザナミノミコトが、「一日に一千人の人を殺そう」と言うのに対して、イザナギノミコトが、「それならば一日に千五百人の人を生もう」と言う夫婦神の闇における闘争的なダイアローグがある。ここでは夫婦神の役割は逆のものとなっているが、本来、「産む力」は女性のものであって、「死＝壊滅、破滅」の力は男性の側に属するものだろう。〝マンハッタン計画〟の裏側にいた女たちは、〝光り輝く〟人類智の最高の成果である〈原子力＝核〉と交わった女たちである。彼女たちは、死と破滅の象徴物を営々と作り上げる男たちに協力して、その〝人類絶滅計画〟に関与した。

しかし、そうした悪魔的な計画の傍らで、彼女たちは日常の家庭生活を営々と送り、子供や動物たちの世話を欠かさなかったのである。〝新古事記〟という標題の意味はすでに明らかだろう。それは全ての絶対的な絶望や破滅の後の〝創世記〟なのである。

何万匹のネズミの死骸を引きずりながら、イザナミは、アマテラスオオミカミ（オオヒルメムチ）は、オキナガタラシヒメ（神功皇后＝八幡神）は、〝光（放射線）〟と〝火〟の環の中へ、敢然と歩み入るのである。思えば、『新古事記』の〈あたし〉の祖母によれば、「火」という文字は、人が両手に灯火を掲げている象形である。火を掲げた女たちは、光とともに影をも、世界にもたらしているのである。

川村湊（かわむら・みなと）
一九五一年、網走生まれ。文芸評論家。『熊神　縄文神話を甦らせる』（河出書房新社）、『原発と原爆「核」の戦後精神史』（河出書房新社）、『川村湊自撰集』（全五巻、作品社）、編著『サハラの水　正田昭作品集』（インパクト出版会）ほか多数。

「日本の原爆の父」と呼ばれた男

仁科芳雄

上山明博

「日本の原爆の父」と呼ばれた男 仁科芳雄

上山　明博

プロローグ　アメリカの疑念

1、原子爆弾調査団

日本は原子爆弾を開発していたのではないか、とアメリカは強い疑念を抱いていた。その疑念をみずからの手で確認するために、アメリカ軍は日本政府が降伏文書に調印したわずか五日後の昭和二〇年（一九四五）九月七日、原子爆弾調査団をいち早く日本に送り込んだ。

そうまでして原子爆弾の調査を急いだ背景には、日本軍が核開発に関する機密文書を破棄してしまうことを恐れたことがあるのだが、それ以上に日本の原子爆弾開発に対してアメリカがいかに大きな疑念を抱いていたかをうかがい知ることができる。

原子爆弾調査団（Atomic bomb mission japan）は、アメリカ陸軍のマンハッタン工兵管区（Manhattan Engineer District）によって抜擢された四五名からなる特命組織だ。マンハッタン工兵管区は一九四二年に世界初の原子爆弾開発計画を指揮統括するために創設された所掌機関で、当初、計画名は「代替材料開発（Development of Substitute Materials)」と命名されたが、その後、呼びやすさなどから軍のコードネームの「マンハッタン計画(Manhattan Project)」が用いられ、アメリカの原子爆弾開発を指す言葉として一般に広く知られるようになった。

第二次世界大戦下の日本で独自に原子爆弾を開発していたとすれば、それはアメリカとは異なる方法でおこなわれた可能性があり、調査の結果によっては敗戦後の日本の占領政策に大きな影響を与えることも考えられた。

原子爆弾調査団は、マンハッタン計画に深く関わった軍人と科学者で構成され、選任された調査員には原子爆弾の開発に関与したと思われる日本人関係者を取り調べ、関与が疑われる場合は関連資料の証拠を押収分析し、研究の目的と進捗段階を明らかにするという任務（ミッション）が与えられた。

本稿の大きな目的は、まさにこの原子爆弾調査員の任務と一致する。

第二次世界大戦下の資源と人材に限りのある日本で、本当に原子爆弾の開発がおこなわれていたのか。そして、もし秘密裏に開発がおこなわれていたのなら、それはいつ誰がどのような理由ではじめたのか。この稿の狙いは歴史の闇に分け入り、世界から孤立した大戦下の日本における原子爆弾開発の実態を明らかにするとともに、その原点を突き止めることにある。


現代物理学は、原子核物理学や量子力学、宇宙論など、さまざまな学問領域を開花させ、医療（核医学）や工業（新素材）、農業（品種改良）など、さまざまな産業分野にわたって私たちに多くの恩恵をもたらした。その起点となった現代物理学の黎明期に、大きな衝撃を与えたのが原子爆弾の誕生である。

昭和二〇年八月六日・広島、八月九日・長崎に相次いで原子爆弾が投下された。数多の一般市民が生活する都市の上空で原子爆弾が炸裂し、二一万四〇〇〇人もの無辜（むこ）の人びとがその年の内に惨死した。

核の知識を有する私たち現代人は、つねに核開発の被害者になると同時に、加害者にもなり得る。

人類の頭脳を結集し、科学の粋を集めて生み出された原子力は、私たちに「恩恵と発展」をもたらすのと同時に、「殺戮と破壊」をもたらした。わけても原子爆弾の誕生は、その後の世界を、「核を持つ国」と「核を持たざる国」とに分断し、世界の多くの国と地域で「核抑止」あるいは「核廃絶」が叫ばれながら、激しい核開発競争が際限なく繰り広げられてきた。

そもそも原子爆弾の開発は、いつ誰によってはじめられたのか。日本人初のノーベル賞受賞者の湯川秀樹をして「絶対悪」と言わしめた原子爆弾の誕生からおよそ八〇年を経たいま、人類と原子力の歴史の原点に立ち返り、現代物理学の黎明期に原子爆弾の開発にみずから進んで取り組んだ世界と日本の科学者たちの心の葛藤とその足跡を追った。

2、尋問すべき日本人

私は手はじめに、マンハッタン工兵管区が日本に送り込んだ原子爆弾調査団が作成した資料がどこかに眠っているはずだと思い立ち、資料の捜索を開始した。

マンハッタン工兵管区は、マンハッタン計画おこなうために一九四二年八月一三日に設置され、マンハッタン計画が終了した一九四六年一二月末日に廃止された。そして、マンハッタン工兵管区が保有した多くの機密文書を含む膨大な資料は、その後アメリカ原子力委員会（AEC）などの幾つかの機関に移管された後、一九五八年にアメリカ国立公文書館（NARA）に所収されたことが分かった。

さっそく私はインターネットを介してアメリカ国立公文書館（https://www.archives.gov/）にアクセスし、一九四五年に原子爆弾調査団が作成した報告書がないか、手当たり次第に検索した。そうして何日かが過ぎたある日、膨大な収蔵資料（アーカイブ）のなかから、原子爆弾調査団がマンハッタン工兵管区に提出した七〇枚ほどのレポートを探し出すことができた。

表紙には〝Atomic bomb mission japan final report（日本の原子爆弾計画最終報告）〟のタイトルがあり、タイトルの上に大文字で「SECRET（シークレット）」と記されていた。資料に目を通すと、そのなかの一枚に、原子爆弾調査団が来日する前に作成した日本人科学者と思われるリストがあった。

その第一行目に「1. Sagane, Physics Dept., Tokyo Imperial University.」。第二行目に「2. Nichina, Rikken.」とあるのが目に留まった。

「Sagane（サガネ）」とは、当時東京帝国大学理学部物理学教授である嵯峨根遼吉（さがねりょうきち）。「Nichina（ニチナ）」とは、理化学研究所主任研究員を務める仁科芳雄（にしなよしお）を指すに違いない（名前が微妙に異なるのは、米国人に聞き取り難い発音のためだと思われる）。

マンハッタン工兵管区では、日本が原子爆弾を開発するとすれば、誰がおこない得るのかについて検討を重ね、日本で尋問すべき人物を事前にリストアップしていたのだろう。

嵯峨根遼吉（一九〇五―一九六九）は、昭和一〇年（一九三五）にアメリカに留学し、カリフォルニア大学バークレー校のアーネスト・ローレンス（Ernest Lawrence, 1901 - 1958）教授の下で、原子核物理学の研究に用いるサイクロトロン（円形加速器）の製作に携わった人物だ。その後、三年間の留学を終えて昭和一三年（一九三八）に帰国した嵯峨根は、理化学研究所の主任研究員仁科芳雄が主催する仁科研究室でサイクロトロンの製作を担当した。

人類初の原子爆弾が広島に投下されてから三二日後の九月七日、ロバート・ファーマン陸軍少佐をリーダとする原子爆弾調査団の先遣隊一七名が日本の地に降り立った。

ロバート・ファーマン（Robert Furman, 1915 - 2008）は、マンハッタン計画を統括する陸軍マンハッタン工兵管区司令官レズリー・グローヴス（Leslie Groves, 1896 - 1970）少将の下で、マンハッタン計画を陰で支えた人物だ。なかでもマンハッタン工兵管区の対外諜報部長として、ナチスドイツの原子爆弾開発に関して諜報（スパイ）活動を指揮したことで知られる。

しかし、一九四五年四月三〇日に総統のアドルフ・ヒトラー（Adolf Hitler, 1889 - 1945）がみずから命を絶ち、翌五月にドイツが降伏したため、欧州を舞台に展開した諜報活動は終了した。

代わってファーマンに、嵯峨根の恩師のローレンス教授が製造した濃縮ウラン235をサンフランシスコ港に停泊する重巡洋艦インディアナポリスに積載し、前年八月に日本軍から接収した太平洋マリアナ諸島テニアン島の空軍基地まで輸送護衛するという新たな任務が与えられた。

なお、ローレンス教授はマンハッタン計画の中心的な科学者の一人で、原子爆弾の核燃料である濃縮ウラン235の製造を主導した。彼が製造した濃縮ウラン235はテニアン島の空軍基地で待機するB—29爆撃機エノラ・ゲイに搭載され、一九四五年八月六日、広島に投下されたのである——。

3、ファーマン少佐とモリソン博士の来日

昭和二〇年（一九四五）九月七日、マンハッタン工兵管区司令官グローヴス少将の意を受けて原子爆弾調査団のリーダーとして来日したファーマン少佐は、九月九日、ジープで本郷の東京帝国大学に向かった。理化学研究所の仁科研究室でサイクロトロンの研究を担

当した嵯峨根遼吉教授（一九四三年東京帝国大学教授に就任）を尋問するためだ。この日の尋問でファーマンは、嵯峨根から仁科研究室に所属する研究者の数は嵯峨根を含めて約一五名を要し、原子核反応に関する研究で国内最大の研究機関であることなどを聞き取った。

翌一〇日には、駒込の理化学研究所で主任研究員の仁科芳雄を尋問する予定が組まれた。原子爆弾調査団が作成した尋問リストの順番は、人物の重要度を示すのではなく、おそらく尋問をおこなう順番なのだろう。先に嵯峨根を尋問したのは、仁科の周囲の状況を聴取した上で、本丸の仁科を効率的に問い質す狙いがあったと推察される。

なお、仁科の尋問に当たったのは、ファーマン少佐ではなく、「原爆の父」と呼ばれたロバート・オッペンハイマーの右腕としてマンハッタン計画に深く関わった物理学者のフィリップ・モリソン博士であった。

じつは来日した原子爆弾調査団の先遣隊一七名のなかに、ファーマン少佐を補佐する科学顧問としてやや小柄なフィリップ・モリソン博士が同行していた。

フィリップ・モリソン（Philip Morrison, 1915 - 2005）は一九一五年一一月七日に米国ニュージャージー州サマービルで生まれた。四歳のときにポリオウイルス感染による急性灰白脊髄炎（小児まひ）と診断され、以来、片足に矯正器具を装着し、歩行の際はつねに足を引きずることを余儀なくされた。

一九四〇年、モリソンはカリフォルニア大学バークレー校でアーネスト・ローレンス（一九三六年同大学放射線研究所初代所長に就任）教授やロバート・オッペンハイマー（Robert Oppenheimer, 1904 - 1967）教授に学び、物理学の博士号を取得した。マンハッタン計画を統括するために新設されたロスアラモス国立研究所の初代所長にオッペンハイマーが就任すると、モリソンは請われて同研究所に入所し、一九四五年七月一六日にニューメキシコ州アラモゴード砂漠でおこなわれた人類初の核実験「トリニティ」の責任者に抜擢され、成功させた。さらにモリソンは、八月九日に長崎に投下されるプルトニウム型原子爆弾をテニアン島の空軍基地で組み立て、B—29爆撃機に搭載するチームリーダーを務めるなど、いわば原爆製造のスペシャリストであった。

そのフィリップ・モリソンが、昭和二〇年（一九四五）九月一〇日、日本の原子爆弾計画における中心人物と目される仁科芳雄と対面した。

仁科芳雄（一八九〇—一九五一）は、明治二三年（一八九〇）一二月六日に岡山県浅口郡里庄町浜中に生まれた。大正七年（一九一八）に東京帝国大学工科大学を首席で卒業し、理化学研究所に入所した。その後大正一二年（一九二三）にコペンハーゲン大学に留学し、ニールス・ボーア（Niels Bohr, 1885 - 1962）教授が主催する理論物理学研究所（一九六五年ニールス・ボーア研究所に改称）で最新の量子論を学んだ。

仁科は、ボーアの研究所で知り合ったスウェーデンの物理学者オスカル・クライン（Oskar Klein, 1894 - 1977）と共同研究をおこない、一九二八年に「クライン＝仁科の公式（Klein - Nishina's formula）」を発表した。その公式は量子論と相対論の効果と整合する精密な光散乱の関係式として高い評価を受け、現代物理学の世界で広く用いられることになった。

帰国後仁科は、昭和六年（一九三一）に理化学研究所で最年少の主任研究員となり、当時国内にはなかった量子論や原子核物理学に関する先端研究を牽引した。

このとき、おそらくモリソンは大学の教科書などを通して仁科の名を知っており、日本で原子爆弾の開発がおこなわれたとすれば、量子論の確立に大きく貢献したニールス・ボーアに師事し、五年以上もの間世界の第一線の物理学者たちと親交のある仁科芳雄を置いて他にいないと思っていたに違いない。

4、仁科博士に関する調査報告

モリソンは日本に滞在中、頻繁に報告書を作成した。そのため、モリソンが作成した比較的多くの資料がアメリカ公文書館に残されている。その資料のなかに「一九四五年九月一〇日、理化学研究所での仁科芳雄の尋問について」と題するレポート（通称モリソンレポート）がある。それによれば、モリソンの仁科研究室における原子爆弾調査内容を要略するとおよそ次のとおりである。

九月一〇日午前、モリソンをリーダーとする調査チームは、当時東京市本郷区駒込上富士前町三一番地（いまの東京都文京区本駒込二―二八―四五）にあった理化学研究所の仁科研究室を訪れた。モリソンが研究室に入ると、そこに「木村」と「山崎」と名乗る二人の若い研究員がいた。そのうちの一人、木村一治（一九〇八―一九九六、のち東北大学教授）は、ローリッツェン検電器を用いて測定しているところだった。モリソンが何をしているのか質すと、木村は広島の爆心地で採集した骨のサンプルの誘導放射能を測定しているところだと答え、次いで、仁科主任はあいにく霞が関の文部省に出かけていて不在だと告げた。

モリソンはしばらく木村に対して事情聴取をおこない、研究室に置かれた実験装置などを注意深く眺めた後、仁科の執務室の入口付近の書棚に囲まれた応接コーナーのソファに座り、書棚に収められた洋書を眺めていると、ほどなく柔やかな顔に眼鏡をかけた男が部屋に入ってきた。研究室を主催する仁科芳雄（当時五四歳）である。

午前一一時、文部省から戻った仁科はテーブルを挟んでモリソンと対峙した。モリソンは仁科に単刀直入に原子爆弾について訊ねた。すると仁科は地図や論文を取り出して、原子爆弾が投下された広島の状況について黒板に概要を記しながら語りはじめた。

仁科はモリソンの質問に答え、広島に原子爆弾が投下された翌七日、大本営の要請を受けて軍用機で広島に入り、被爆地での調査の状況などを語った。このとき仁科は、広島に投下された原子爆弾が爆発した高度と原子爆弾に使用されたウラン235の算定量をモリソンに示したのだろう。モリソンは報告書に「仁科は広島で使用された原子爆弾が爆発した際の計算結果を話したが、仁科の計算の正しさは、彼の知識の程度を明確に示している」と記している。

広島での調査を回想し、原子爆弾による被害状況を次第に興奮した口調で話す仁科に対して、モリソンは「私が聞きたいのは広島の調査ではなく、戦時下の研究内容だ」と告げ、仁科の説明を制止した。すると、仁科は明らかにがっかりとした表情をみせた後、ここ数年の主な研究について質問に答えながら説明をはじめた。

宇宙線の研究が将来の天気予報に役立つのではないかと考え、大気中の宇宙線の強さを観測したこと。カリフォルニア大学のローレンス教授が考案したサイクロトロンを医療用に役立てられるのではないかと考えて、研究用に電磁石の直径が二六インチの小型サイクロトロンを製造し、四月一三日まで稼働させていたが、同日夜のB—29爆撃機による東京大空襲によって破壊されてしまったこと。また、六〇インチの大型サイクロトロンはウラン235の核分裂の連鎖反応を研究する目的で稼働していたが、四月一三日の大空襲以後は真空箱などの補修に追われて稼働させていないこと。仁科はこうしたことをみずから確認するように訥々と語った。

仁科が最後に話したウラン２３５の連鎖反応の研究は、原子爆弾の製造に直接関係する重要な証言である。モリソンは六〇インチ・サイクロトロンの研究目的をさらに追及した。仁科はそれに答えて、六〇インチ・サイクロトロンの研究課題は低速中性子による連鎖反応を研究することにあり、その目的は水力や火力をしのぐ夢のエネルギー源として用いることだったと答えた。また近い将来、原子核物理学が癌研究や品種改良など、医療や農業をはじめとするさまざまな分野で応用される日が来るだろうと考え、そのための基礎研究の目的でおこなったと説明した。

モリソンは報告書のなかで、「仁科は日本におけるウラン研究の最高の地位に位置し、政府および軍からの信頼を得ていた。このことは、日本の陸海軍の最高統帥機関である大本営の要請を受け、大本営調査団の団長として仁科がおこなった広島での原爆調査の活動からも証明される」と報告し、仁科が日本の原子爆弾研究に関する事実上の最高責任者であると判断した。

そしてモリソンは報告書の最後に、仁科が核分裂連鎖反応の研究をおこなった理由に触れ、「当初は科学的な純粋な興味から、その後は軍に促されてその責任感から懸命に取り組んだことは明らかである。仁科研究室を主催する仁科とその研究員たちは、原子爆弾を含む原子核物理学の基礎研究をおこなうのに十分な知識と能力を持っている。しかし、彼らの研究施設に注目すべきものは見当たらず、研究内容において好ましい見通しを得られなかったと思われる」と結語した。

原子爆弾調査団は、日本が原子爆弾を開発するとすれば、間違いなく理化学研究所の仁科芳雄だろうと目星を付け、いち早く来日して本人に研究内容を直接尋問する機会を設けた。にもかかわらず、モリソンが仁科を尋問したのはこの九月一〇日の一回のみで、不思議なことに詳細な研究活動を確認しないまま、日本での原子爆弾調査を終了した。

仁科はモリソンの取り調べに答えたとおり、広島に使用された爆弾が原子爆弾であるかどうかを判定するため、日本の原子核物理学の第一人者として被爆直後の広島に入った。仁科はそこで目撃した壮絶な地獄の惨状を眼底に焼き付けて東京に戻った。そのため仁科は、広島で見たままの光景と調査結果をモリソンに説明した。

一方、モリソンもまた、マンハッタン計画に参加した科学者として原子爆弾の効果を確認するために、仁科と同様、被爆地広島に入っていた。そこで超絶的な破壊の大きさに衝撃を受け、「もう二度と原子爆弾は使ってはならない」と、そのときの真情をのちに吐露している。

原子爆弾がこれまでの兵器とは比べものにならないほど大きな破壊力があることを理論計算によって知っていながら、原子爆弾を投下した下で、衆多の人びとがどのような状況に至るかについて想像することはできなかったのだろうか?

また、人類初の原子爆弾の創製とその実戦使用に直接関わった科学者の、被爆国の日本人に対する漠然とした贖罪の意識が、仁科への二度目の尋問を躊躇させた誘因になったのだろうか?

かくて、原子爆弾調査団に代わって戦時下における日本の原子爆弾計画に関する研究活動を調査したいという衝動に駆られた私は、原子爆弾調査団が日本の中心人物と目した仁科芳雄の生い立ちから遡ってたどることにした。

仁科芳雄という一人の科学者の生涯を通して、ほとんど語られることのない日本の原子爆弾の開発をめぐる物語の端緒とその全容をたどり、そこから得られる教訓を人類の未来につなげるために。

(つづく)

上山明博（うえやま・あきひろ）
一九五五年岐阜県生まれ、ノンフィクション作家。著書に『地震学をつくった男・大森房吉』『北里柴三郎　感染症と闘いつづけた男』（ともに青土社）などがある。

「かなしみの土地」で「囚われた人たち」に想いを寄せた人

――『若松丈太郎著作集』第一巻「かなしみの土地」十一篇の解読

鈴木比佐雄

「かなしみの土地」で「囚われた人たち」に想いを寄せた人
『若松丈太郎著作集』第一巻「かなしみの土地」十一篇の読解

鈴木　比佐雄

1

『若松丈太郎著作集全三巻』が若松氏の一周忌の前月に当たる二〇二二年三月初めに刊行された。若松氏の詩篇の最も知られている詩「神隠しされた街」は、連作「かなしみの土地」十一篇の中の「6　神隠しされた街」なのだが、その一篇以外の十篇は私が知る限りでは今まで論じられることが少なく、十一篇の全体像やその連作に貫かれた試みを伝えることは私が知る限りほとんどなかったように思われる。若松氏を論ずる時に、この連作「かなしみの土地」についていつかその試みと対話してみたいと願っていた。この詩篇群を読み取ることが、若松氏の詩人としての本質的な課題を伝えることになると考えていたからだ。

ところでロシア軍が二〇二二年二月二十六日にウクライナに侵略し数多くの民衆の虐殺を行いながら、チェルノブイリ原子力発電所も占拠し、いまだ放射能物質で汚染されている「赤い森」にも塹壕を築き、キエフに向かっているというニュースが世界を震撼させせた。一九九四年四月にこの地を訪ね二〇二一年四月に亡くなった若松丈太郎氏が聞いたならば、どんな見解を明らかにしただろうかと思いを馳せていた。その後、五月にはウクライナ軍がキエフへの攻撃を耐えしのぎ反撃に転じて、ロシア軍もチェルノブイリ原子力発電所から撤退した。そのような情況の中で日本国内のウクライナ語の表記の仕方がロシア語読みではなく、「チェルノブイリ」が「チョルノービリ」に「キエフ」が「キーウ」になったと報道された。これも若松氏が聞いたならどんな思いを抱いて新しい論考・エッセイを書き綴っただろうか。そんな若松氏の新しい論考などを読むことが出来ないことは、とても残念なことであり、若松氏という世界の悲劇を語りうる詩人・評論家の存在が実は掛け替えのない存在であったことの喪失感が、さらに増して来るのだった。

連作「かなしみの土地」十一篇の各篇は、若松氏に影響を与えた書籍や人物や映画などを記してその試みを掘り下げていき、「チェルノブイリ」(チョルノービリ)という地名が背負った「かなしみの土地」の宿命を物語っていく交響曲のような連作詩篇だと思われる。

若松氏は「プロローグ　ヨハネの黙示録」の聖書第八章10、11の原意を損なわないように次のように文意を整えて記している。

聖ヨハネは次のように予言した

たいまつのように燃えた大きな星が空から落ちてきた。
星は川の三分の一とその水源との上に落ちた。
星の名はニガヨモギと言って、
水の三分の一がニガヨモギのように苦くなった。
水が苦くなったため多くの人びとが死んだ。

若松氏はなぜ聖ヨハネの「たいまつのように燃えた大きな星が空から落ちてきた」という予言の言葉から始めたのか。原発事故とは核爆発であり、それは「燃えた大きな星」が地上に降り注いだようなものである。その「チェルノブイリ」の意味が「ニガヨモギ」であることは、偶然と言えないこの地が呪われた場所であることを暗示している。

チェルノブイリ国際学術調査センター主任
ウラディミール・シェロシタンは
かなしい町であるチェルノブイリへようこそ！
と私たちへの挨拶をはじめた
ニガヨモギを意味する東スラヴのことばで

名づけられたこの土地は
名づけられたときからかなしみの土地であったのか

ウラディミール・シェロシタン氏の「かなしい町であるチェルノブイリへようこそ！」という言葉が、若松氏の胸中に刻まれて、この時点で「かなしい町」という言葉の意味や響きによって触発されて、連作「かなしみの土地」にこの地の悲劇が展開される種子が埋め込まれたように思われる。
「1　百年まえの蝶」では、ロシアやウクライナに向かう飛行機の窓の外の雲海に一羽の蝶が舞っているのを幻視する。

ふと一羽の蝶が舞っていたと見たのは幻にちがいないが
　こたびは別れて西ひがし、
　　振りかへりつゝ去りにけり。
一八九四年五月十六日未明の二十五歳の青年の思いと
一九九四年五月十六日そのことを思う者の思いと
に　架けるものはあるか

若松氏は百年前の五月十六日に命を絶った北村透谷の詩「雙蝶のわかれ」を引用して、日本の近代・現代の詩や詩論的な評論の原点を創り出した詩人に思いを馳せている。なぜか透谷の詩や代表的な詩論的評論である「内部生命論」などの志を引き継ぎたいという思いを新たにし、その透谷の志の力を借りたいと願ったのではないか。偶然に百年前の五月十六日に他愛や平和主義や内面化の重要性を問うて他界した透谷に対して、百年後に放射性物質で汚染されて苦悩するウクライナのチェルノブイリの地を目撃するために旅立つ若松氏は、ある意味で透谷の他界や苦悩するチェルノブイリである別世界に旅立つという意味で、何か共通する思いを抱いて窓の外に透谷の分身である一羽の蝶を想起したのではないか。

「2　五月のキエフに」では、キエフの五月の街並みを讃美して、ロシアの作曲家とウクライナの国民的な詩人を次のように書き記す。

古い石造りの街のなかぞらを綿毛がさすらっている
ポプラの綿毛だ
白い花をつけたマロニエ並木は石造りの街なみに似つかわしい

キエフはヨーロッパでもっとも緑に富む都市だという
五月のフレシャーチク通りを人びとは楽しんでいる

若松氏はキエフの街路のポプラの綿毛やマロニエ並木でゆったりと散歩する人びとがキエフの町を愛し寛いでいる光景を描写する。と同時に「起伏の多い道は住む人びとのこころの屈折を語っているか」とも語り、ウクライナの民衆の苦難の歴史を思いやっている。そして二人の芸術家の名前を挙げて、古都であり芸術の都であることを次のように記す。

ムゾルグスキイの「キエフの門」をたずね
ウクライナの人びとが誇る詩人の名まえを私は記憶した
マロニエはシェフチェンコに捧げる花か

ロシアのムゾルグスキイが作曲した「展覧会の絵」の「キエフの大門」は友への鎮魂の思いを気高く表現し、一度聴いたら忘れられない心に残る名曲だろう。それに因んだ「キエフの門」を若松氏は訪ね、またタラス・シェフチェンコはロシア語でなくウクライナ語で初めて記された詩集『コブザール』によって国民的な詩人であり、またロシア将校にもてあそばれた娘「カテルィーナ」の目を伏せた悲しみの表情が胸に迫ってくる絵画シリーズを描いた画家でもある。若松氏は「マロニエはシェフチェンコに捧げる花か」と、ウクライナの人びとが一九世紀の詩人シェフチェンコの銅像を公園に作り、それを誇りに思っていることに深く感銘を受けたに違いない。

「3　風景を断ちきるもの」では、若松氏はウクライナ・ベラルーシ国境地帯の緊張感を目撃し、その国境地帯を語る時に、次の二つの映画の国境場面を想起してくる。映画は註によるとテオ・アンゲロプロス監督作品「こうのとり、たちずさんで」（一九九一年・ギリシャ）と、ヴィム・ヴェンダース監督作品「ベルリン・天使の詩」（一九八八年・西ドイツ・フランス）だ。若松氏の詩作が福島・東北を基盤としているが、時に世界的な視野に転換されていくのは、学生時代から晩年に至るまで海外の映画を見続けていた影響によるものだったことが分かる。若松氏はウクライナとベラルーシとその先に続くロシアとの国境を目撃して次のような詩行を生み出していったのだ。

テオ・アンゲロプロスの映画の一シーンをまねて
ギリシャ・アルバニア・ユーゴスラヴィア国境地帯の

川や湖の多い映画のなかの風景と
ウクライナ・ベラルーシ国境地帯の
目前にひろがるドニエプル川支流の低地との
あまりの相似
けげんな表情で私を見る国境警備員
片脚立ちの姿から私は飛び立つことができようか
こうのとり、たちずさんで

（略）

私たちが地図のうえにひいた境界は
私たちのこころにもつながっていて
私たちを差別する
私たちを難民にする
私たちを狙撃する
私たちが国境で足止めされているあいだに
牛乳缶を積んだ小型トラックが
ウクライナからベラルーシへと国境を越えていった

こともなげに
空中の放射性物質も
風にのって
幻蝶のように

これらの詩行を読めば思い当たるように、若松氏は二〇二二年二月二十六日にベラルーシから国境を越えてウクライナに侵略したロシア軍が行った「私たちを差別する／私たちを難民にする／私たちを狙撃する」という光景を一九九四年四月に予言のように透視していたとも感じられる。詩「6　神隠しされた街」が東電福島第一原発事故を予言した詩だと言われてきたが、私は今回のロシアのウクライナ侵略なども若松氏は予言していたように詩「3　国境を断ちきるもの」の中の三行で書き記していたと感じている。もし若松氏が生きていたら、人類の中に国境を越えて他国を蹂躙するという愚かな行為を反復してしまうことに対して東電福島第一原発事故後と同様に、恐れていたことが再び現実化してしまい、激しい怒りをもって詩作や評論を書き上げたに相違ないだろう。

「4　蘇生する悪霊」では、チェルノブイリ原子力発電所四号炉の石棺を間近に目撃した時の衝撃を語っている。ある意味で若松氏の予言に満ちた言葉は、次の「蘇生する悪霊」

ような人類の呪われた「悪霊」が生み出してしまう最悪の結果を感受してしまう精神性を
宿しているかも知れない。

目前に
写真で見なれた
チェルノブイリ原子力発電所四号炉
《石棺》
悪しき形相で
まがまがしく
コンクリート五〇万㎥と
鉄材六〇〇〇ｔとで
封じた冥王プルートの悪霊
その悪霊が蘇生
しそうだという今にも
はげしく反応する線量計
悪霊の気

計測不能
「五分間だけ」
と案内人だが
アスファルト広場
石棺観光用展望台
ではなく焼香台
足もとに埋葬されている汚染物質
五分とここにいたくはない
痛くはないが
私たちは冒されている

たぶん若松氏の旅の目的は、この《石棺》を直視することだったが、それは生きた「悪霊」だったのであり、線量計は振り切れて、「計測不可能」であり、「五分間だけ」と言われたが、すぐにも逃げ出したかったようだ。なぜなら「私たちは冒されている」と言い知れぬ放射性物質が押し寄せてくる恐怖を肌で感じたからだろう。その意味で若松氏の旅の大きな目的は果たされたのであり、チェルノブイリ原発事故の八年後にこの「悪霊」の恐怖感を書き記し伝えたことがこの連作の優れた功績であったと思われる。またその「悪霊」は森林に降り注ぎ「《ニンジン色の森》」を出現させて、「人びとの不安の形象」となり、伐採されて埋葬されたという。しかし今回のロシア軍の将校はその「赤い森」を掘り起こし、塹壕を掘らせるように兵士たちに指示をした。その結果、ロシア兵たちは放射性物質に冒されていったことは間違いない。チェルノブイリ（チョルノービリ）の悲劇はロシア兵たちに伝えられてはいなかったことが明らかになった。

「5《死》に身を曝す」では、事故後の「チェルノブイリ三〇㎞ゾーン」の日常を伝えている。

チェルノブイリ三〇㎞ゾーンの境界にゲートがある。ゲート脇から立入禁止区域を限る鉄線を張った粗末な柵が延々とつづいている。ここまでは緑うつくしい穀物畑が視野いっぱいに広がっていたが、柵の内側は荒れるにまかせた畑に赤枯れた草が所在なげに立ちつくしている。私たちが迎えを待つあいだに、キエフ方面から三台のバスがやってきた。乗って来た人たちは別のバスに乗り換える。汚染されていないバスと汚染されているバスとゲートを境に別にしているのだろう。さまざまな年齢の彼ら彼女らはチェルノブイリ原子力発電所で働いている人たちである。発電所やその関連施設で二週間勤務しては交替するのだという。三〇㎞ゾーンは立入禁止がたてまえだが、想像以上に多くの人たちが生活しているらしい。事故のあった四号炉に隣接する一～三号炉は稼働しているし、私たちが説明を受け、昼食をとった国際学術調査センターもゾーンの内側にある。ほかにも研究施設などがあるとのことだ。バスで五、六号炉近くを通りかかったとき、人工池で釣りをしている人たちを見かけた。昼休みの気ばらしだというが、まさか釣った魚を食べることはあるまいと思うものの、おそらく汚染されているにちがいない人工池で平気で遊んでいる様子におどろいてしまった。四号炉の《展望台》では持参した線量計のカウンターが振り切れてしまい、私たちが浮き足立っているのに、すぐそばを作業員たちが日常的なこととして通り過ぎて行く。ゾーンのなかをバスに同乗して案内してくれたのは未婚の若い女性であった。将来の出産を考えれば働くべきところではないと思うのだが、そのことはわきまえていて勤務しているのだそうだ。

若松氏は、汚染され立入禁止の三〇㎞ゾーンの内と外がバスを乗り換えることによって、発電所や関連施設で働く人びとが二週間交替で働くことを知る。また未だ破壊された四号炉の《石棺》近くで線量計がいまだ振り切れるような現状でも、昼休みに作業員たちが人工池で釣りをしたり、ゾーン内のバスガイドが未婚の女性であることに驚かされる。被曝の危険性への対応が不十分ではないかと懸念を深めている。引用した後には、避難先に馴染めずにゾーン内の村々に戻った高齢者たちの「《死》に身を曝す」人びとの紹介をしている。これらの原発事故から八年後の世界を知って、若松氏は仮に東電福島第一原発が臨界事故を起こしたら自分の暮らす南相馬市など三〇㎞ゾーン市町村が一体どのような情況になるのか、想像もしたくなかったことだが、事故後の世界が天啓のように想像され透視されたに違いない。若松氏は「5　《死》に身を曝す」において「発電所やその関連施設で二週間勤務」する人びとや以前の村々に帰還している高齢者たちを書き記すことによって、次の「6　神隠しされた街」のイメージが立ち上がってきたのだろう。

2

「6　神隠しされた街」が生まれてくるためには、黙示録の「ニガヨモギ」に触れたプロローグから始まり、1〜5までのどれも欠くことはできない経験を辿っていくことが必要だった。そして若松氏はチェルノブイリ（チョルノービリ）の経験を東電福島第一原発に次のように転換し応用させていったのだろう。

千百台のバスに乗って

プリピャチ市民が二時間のあいだにちりぢりに
近隣三村をあわせて四万九千人が消えた
四万九千人といえば
私の住む原町市(はらまちし)の人口にひとしい

さらに
原子力発電所中心半径三〇kmゾーンは危険地帯とされ
十一日目の五月六日から三日のあいだに九万二千人が
あわせて約十五万人
人びとは一〇〇kmや一五〇km先の農村にちりぢりに消えた

半径三〇kmゾーンといえば
東京電力福島第一原子力発電所を中心に据えると
双葉町(ふたばまち)　大熊町(おおくままち)　富岡町(とみおかまち)
楢葉町(ならはまち)　浪江町(なみえまち)　広野町(ひろのまち)
川内村(かわうちむら)　都路村(みやこじむら)　葛尾村(かつらおむら)
小高町(おだかまち)　いわき市北部
そして私の住む原町市がふくまれる

こちらもあわせて約十五万人
私たちが消えるべき先はどこか
私たちはどこに姿を消せばいいのか
事故六年のちに避難命令が出た村さえもある
事故八年のちの旧プリピャチ市に
私たちは入った

「私の住む原町市」は後に「小高町」と合併して「南相馬市」になった。若松氏はその「原町市」は「プリピャチ市民」の四万九千人とほぼ人口が同じであるという類似性を知り、近未来にきっと同じことが起こるのではないかという恐怖感に襲われたに違いない。チェルノブイリ原発の三〇㎞ゾーンの人口は十五万人だが、同じように東電福島第一原発の半径三〇㎞ゾーンは十五万人であった。若松氏には現場を「身体で感じ」て、さらに宇宙からの俯瞰的な地理感覚や人口統計的な数字の類似性から一挙に破壊されていく未来都市を予知し、そこに生きる人びとの在りようを透視してしまう詩的想像力が存在していたのだろう。若松氏は自らが「原発事故を予言した」と言うような「予言」と言う言葉を好んではいなかった。その「予言」という言葉を向けられると、それを否定して事実を突き詰めていくとそのように感じられたと言う意味のことを語っていたように思う。参考になるのは著作集第二巻『極端粘り族の系譜』第三章「インタビュー・対談」の〈「南相馬伝説の詩人」若松丈太郎インタビュー〉の中で、著作集全三巻の装画写真を提供してくれたカメラマンすぎた和人氏の質問に答えて次のように語っている。《私も詩を書く時は頭の中で考える事よりも身体で感じる事を、それが見えないものであっても観る、聞こえない音であっても聴く、そしてそれを表現するのです》。若松氏の「予言」や「予知」に対する違和感やそれに代わる解答としての詩作することの「見えないものであっても観る」姿勢が、その肉声に宿っているように考えられる。

「7　囚われた人たち」では、被曝したキエフ小児科・産婦人科研究所の病院の子供たちに会った際に感じたことを伝えている。

キエフ小児科・産婦人科研究所の病院に入院している子どもたちに会って、ウクライナとベラルーシの子どもたちは囚われ人なのではあるまいかという思いをいだいた。医師と異国人とが通訳を介して自分たちを話題にしているその片言隻句のなかから、自分の貶められている不条理な状況についての情報を読みとろうと、子どもたちは注意力を集中している様子であった。子どもたちはおとなが思い込んでいるよりはるかに真実の核心にせまって正しい理解に達しているものである。私は子どもたちのそんな様子を見ながら、半世紀まえのフリョーラとグラーシャのことを思い出していた。ふたりは、一九四三年にドニエプル川の上流であるベラルーシの小さな村でおこなわれたナチスの犯罪を告発した映画「炎／６２８」のなかの少年と少女である。かつて私はこのフリョーラとグラーシャのことにふれて「冬に」という詩を書いた。

若松氏は子供たちが日本人たちの質問によって、自分たちが置かれている身体の変容について、「真実の核心にせまって正しい理解に達している」ことを知ったらしい。その子供たちを見ながら同時に、若松氏はロシア・ベラルーシの映画でエレム・クリモフ監督「炎／６２８」を想起していた。ベラルーシの少年が村を守るために赤軍パルチザンに入るが、そこで少年が見たものはナチスドイツが６２８村とそこで暮らす人びとを犯して皆殺しにする光景だった。延々と続く虐殺場面に遭遇しその少年の顔は最後には老人のような顔になってしまうという映画だと言われている。若松氏はキエフの小児科で治療を受けている子供たちに映画の主人公フリョーラの顔を重ねて、甲状腺癌などで苦悩しそれでも希望を心に抱く子供たちの未来を深く憂慮していたのかも知れない。

「８　苦い水の流れ」では、「プロローグ　ヨハネ黙示録」に出てきた「水の三分の一が

ニガヨモギのように苦くなった。／水が苦くなったため多くの人びとが死んだ。」という
予言の言葉が本当に二十世紀に起こってしまった描写が記されている。

広大なドニエプル川の流域
ウクライナだけではなく
ロシアやベラルーシもその水源にして
プリピャチ川が合流するあたりに
チェルノブイリがある
上流から三分の一のあたり
セシウム一三七による汚染地図をひろげると
上流三分の一地域が彩色されていて
苦い水を川におし流している
チェルノブイリ一〇㎞ゾーン内の
ニガヨモギが茂る土饅頭の下に
八百の土饅頭の下に汚染物質が葬られている
八百の土饅頭が地下水を苦い水にかえている

《石棺》がひびわれはじめたと
熱と重みによって地盤の状態は危機的だと
発電所の人工池から水はプリピャチ川に流れ
プリピャチ川はドニエプル川に流れ
ゆたかなドニエプル川は苦い水を内蔵して流れゆく

この「8　苦い水の流れ」において、電発事故が河川や地下水などの汚染し続けていき、途方もない十万年も続くことの恐ろしさを再認識される。若松氏はチェルノブイリ近くの二つの川の合流地点付近を目撃し、汚染し伐採されて埋められた「八百の土饅頭」から流れ出す「汚染物質」を幻視していたに違いない。若松氏のこの「苦い水」への想像力こそは、仮に福島で原発事故が起きた十七年後に山河の森や河川で何が起こるかを暗示していたことは間違いだろう。
「9　白夜にねむる水惑星」では、モスクワ経由で帰国する際に見た白夜の光に若松氏の祈りが込められている。

モスクワ午後八時離陸の旅客機は

太陽を左手に定め
時を停め
浮遊しているかのようだ
ここは白夜で
夕陽はそのまま朝の光を放ちはじめる
よどんだ夜の地表を
川は流れつづけているだろう
一日のはじまりをまえに
人びとは不安なつかのまのねむりに沈んでいるだろう
夢のなか蝶は舞っているだろうか
窓外に蝶はいない

若松氏は深夜のシベリア上空で白夜を見たのかも知れない。その時間にチェルノブイリ、キエフ、ウクライナ・ベラルーシ国境やそこで出会った人びとを想起したのだろう。ドニエプル川とプリピャチ川の「苦い水」と共に生きるウクライナの人びとに、北村透谷の「内部生命」を宿した蝶が生き続けることを願ったのかも知れない。

最後の「エピローグ　かなしみのかたち　東京国立博物館で国宝法隆寺展をみる」では、若松氏のウクライナの子どもたちへの思いを次のように語り連作を終えている。

日光菩薩像をまえ
に　ウクライナの子どもたちを思った
いまさらのように気づいた
ひとのかなしみは千年まえ
も　いまも変わりないのだ
そして過去にあった
ものは　将来にも予定されてあるのだ
あふれるなみだ
あふれるドニエプルの川づら
あふれる苦い水

日光菩薩像とは、一千もの光明を発して、世界を照らし出し、様々な苦しみの底にある無明の闇を滅ぼしてくれると言われている。若松氏の葬儀は、本人の遺志を尊重し無宗教で行われた。生前からも自分が無宗教であることを公言し、その影響を祖父からの影響であることも記していた。しかしながら若松氏のこの「かなしみの土地」のエピローグなどを読むと、様々な宗派や教団には与しないが、若松氏には不幸な人びとの苦しみを癒そうとして彫られた仏像を生み出した、救済としての宗教心を深く理解していて、豊かにそのような精神を宿していることが読み取れ、ウクライナの子どもたちを慈しむ精神性を強く感じる。この精神性は出身地の岩手県の詩人で子どもたちの幸せを願って詩や童話を書いた宮沢賢治とも共通するものがあると私は感じている。若松氏は長年にわたり高校の国語教師を続け、いつも図書館担当になり良書を薦める傍ら、「教師や親に相談できない本当に困ったことがあったら、丈太郎先生のところへ行け」と、子どもたちの間で言われていたと関係者たちから聞いている。このような未来に生きる子どもたちの幸せを願ってこの「かなしみの土地」十一篇が書かれたに違いない。その意味で若松氏にとって本当の予言や予知的な言葉とは、きっと子どもたちから不幸を遠ざけ、「囚われた人たち」が救済され、そこから子どもたちを解き放つための、大人たちの真の慈しみに満ちた熟慮の言葉であると物語っているようだ。

「かなしみの土地」十一篇は、まだ読まれ始まったばかりのような気がする。読解を深めるために第三巻『評論・エッセイ』の冒頭の『イメージのなかの都市　非詩集成1』の「キエフ・モスクワ　一九九四年五月十八日　キエフ」、詩「いくつもの川があって」や詩「夜の惑星　三篇」なども参考になるだろう。

『若松丈太郎著作集全三巻』を通読することは大変な労力だが、例えばこの「かなしみの土地」十一篇からでも読まれることをお勧めしたい。この代表詩篇を理解できれば他の詩篇や評論・エッセイもより理解度が増すだろう。

鈴木比佐雄（すずき・ひさお）

一九五四年東京都生まれ、詩人・評論家・編集者。著書に詩集『千年後のあなたへ』、評論集『沖縄・福島・東北の先駆的構想力』など。編著に『広島・長崎・沖縄からの永遠平和詩歌集』、企画・編集に『若松丈太郎著作集全三巻』、『又吉栄喜小説コレクション全４巻』など多数。

ある奇妙で悲惨な死

天瀬裕康

ある奇妙で悲惨な死

天瀬　裕康

その些細な新聞記事は、広島で被爆した男の子が成人後、原子力発電所の作業員として働き、二重の核災害を受けたことを報じたものだった。社会面の端にそっと載っている、見落としてしまうかもしれない小さな報道である。

それは薬剤師の横井邦彦が知っている、小川昭一（しょういち）という男の経歴とかなり似ていた。表現を変えて述べれば、「どうも似ているな」と思いながら彼はその新聞を読んだ、ということだろう。

家庭環境や育った社会環境などを詳しく比較することはできなかったが、原子爆弾の攻撃を受けたことや、原発（げんぱつ）こと原子力発電所の作業員として働いていたことは共通している。だからといっても、しばしばお目に掛かれるようなケースではなさそうだが、さりとて拘る必要があるのかと、自問自答したいような感じもあった。

要するに、すっきりしない気持ちを引きずったままだったのだ。

横井が昭一と初めて会ったのは、彼の母親である小川恵子が、横井の勤務している安芸病院という私立の病院に入院していた一九八六（昭和六一）年、夏の終りのことである。患者さんの多くは地元の広島県安芸郡府中町の住民である。郡部といえば田舎じみて聞こえるが、周囲はぐるりと広島市が取り巻いており、広島市と共通する部分も多い。

それとともに自動車メーカーの大企業である東洋工業㈱からの税金のおかげで、府中町の財政は豊かだった。福祉関係にも金を充分回せる。企業城下町にはよくあるタイプだ。したがって住民は広島市への編入を望まず、安芸郡府中町のままの町制を続けていたのである。

小川恵子も、そうした住民の一人だった。住んでいるのは役場より少し東北の山田三丁目というところで、彼女は生活保護を受けていた。今回の入院は糖尿病の悪化で、糖尿性腎症も起こっていた。インシュリンを点滴し、筋肉注射に移行したあと、内服薬に切り替えるのが大変だった。食事指導は栄養士がするが、内服薬の説明は横井の役目になった。その時、恵子の身の周りの世話をしていた昭一と会ったのである。

「息子でございます。大変お世話になりまして……」と昭一が言った。「私も一緒に聞かせて頂いて、よろしいでしょうか?」

「もちろんです。何か参考になれば有難いです」

横井が応える。恵子は年齢のせいもあり、腰痛などいろんな薬を飲んでいた。その中には、単独で副作用を出すものもあるし、今回出る薬も含めて、薬の相互作用で合わないものもある。昭一は横井がそうした説明をしている間、ジッと大人(おとな)しく聞いていたが、説明が終わり、横井が帰りかけると、立ち上がって口を開いた。

「私は、たびたびは来れませんので、母のことはくれぐれも、よろしくお願い致します」

横井は薬の説明に来た薬剤師に過ぎない。主治医ではないし、受け持ちのナースのように密接な関係があるのでもない。横井から見ると昭一は、四十歳代のサラリーマンのように思われた。いい服を着ているわけではないが、どちらかというと容姿端麗で、意思というか我(が)は強そうに見える。歳は多分、横井の方が少し年長だろう。

「それはもちろん、できる限りのことはさせて頂きます。それで……今、どちらにおられるのですか?」横井が訊くと昭一は、

「九州なんです」と、少しぼやかしたような表現で応える。

「ああ、それじゃあ、すぐ来るというわけにはいかないですね。で……お仕事の内容、可能な範囲で結構ですから、教えて頂けないでしょうか」

「いいですよ」昭一は答えた。「九州電力の原子力発電所で働いています」

「そうでしたか、九州電力の原発は佐賀県の玄海町と鹿児島県の川内原発がありますね。私は原発に詳しいわけじゃあないんですけど、最近、『西海原子力発電所』という小説を読んだんですが、これは玄海町のほうをモデルにしてるんです」

「そうですか、私も玄海町のほうです……」昭一が答えた。

二人は母子というよりも恋人のようにも見えたが、この時点で横井薬剤師は、事実を充分把握していたわけではない。

あまり幸福な家庭には見えなかったが、この母子に想像もできぬような悲しみが潜んでいることや、彼らの死と深く関わることになろうとは、夢にも思っていなかったのである。

小川恵子の糖尿病は難症だったし、内服薬もしばしば副作用を起こしたので切り替えが難しかった。それで入院中は、横井薬剤師が相談室へ出かけて質問を受けることもあったし、相談したり雑談をする機会に恵まれることにもなった。

その最初はやはり薬の副作用に関する質問で、彼女は副作用の出やすい体質らしかった。小川昭一に会ってから一週間ほど経った頃だったであろう。

そうした業務上の会話が終わったところで、横井はさりげなく話題を変えた。

「ご子息は優しそうで、いいですね」と横井が言うと恵子は、躊躇（ためら）いがちに応えた。

「ええ、とてもいい子です。でもねえ、ピカのおかげで、いいことは一つもなかったんですよ。私もですけど」

彼女は話好きというほどではなかったが、聞けば何でもよく答えた。――恵子の夫・小川正男は菓子職人で、旧市内の高級和菓子屋に勤めており、恵子も売り場へ出ることもあったが、戦局が逼迫するにつれ材料の入手は困難となり、さらに贅沢な和菓子は製造禁止となる。

正男は、海岸に近い宇品の陸軍糧秣支廠（りょうまつししょう）に徴用され、兵士用の乾パンを作らされていた。正男は不満だったが恵子は、徴兵されて命を捨てるのよりはいいと思っていた。

「大きな空襲があるという噂もありましたしね、心細い毎日でした。主人がいなかったら私一人では、どうしていいか分からなかったでしょうよ。お腹（なか）には赤ちゃんもいましたし……」

「それが昭一さんだったんですね」横井が訊く。

「ええそうです。でも生んだことが、よかったかどうか……」恵子は口籠った。

八月六日に新型爆弾が投下された時、小川恵子は爆心から四キロ範囲の段原（だんばら）という町にあった自宅で被災。おろおろしているうちに夕方になり、顔や腕から血を流した夫の正男が帰って来た。家は半壊、ずっとは住めない。翌日、正男は宇品の糧秣支廠へ行ってみたが、乾パン作りどころではなく、家族がこの空襲で被害を受けた徴用工はしばらくの休業は大目に見ることになったらしい。正男夫婦は二日後の八月八日、段原の東北にある安芸郡府中町に転居した。

正男の親戚を訪れたのだが、そこでは老夫妻を残して若い者は皆、行方不明。多分死亡だろう。

そのうちに長崎にも新型爆弾が落ち、ソ連の参戦もあり、終戦になる。ここで軍関係の制約は切れ、正男は自由の身となった。この頃にはもう新型爆弾は原子爆弾だと分かっていたが、旧市内の廃墟に帰ろうとする人は少なくなかった。

小川正男も以前の和菓子屋に戻りたかったが、主人一家は全滅らしい。自分で店を出したかったが、資金がないし材料仕入れの見通しも立たない。日雇い労務者の仕事で糊口の資を得て、なんとかその年の歳末を過ごすことができた。

この小川家に男の子が生まれたのは、終戦翌年の一九四六年一月一三日、ピースが一箱七円で売り出された日だった。もともと正男は、ヘビースモーカーというほどではないとしても、好きなほうではあった。日曜日だったので彼は朝遅く起きて煙草を買いに行き、戻ってから大切そうに一服吸ったが、すぐと酷く咳き込んでしまう。

赤ちゃんの名前はあらかじめ、男なら昭一、女なら昭子(あきこ)と決めていたので、翌日の月曜日に正男が役場へ届けに行ったが、その後も咳が続くので検査すると、肺癌になっていた。

「あの時は大変でした。被爆後半年も経っていないので、病院や医院はあまり復興していませんから、お産も大変でしたし、主人の肺癌も十分な手当てはできなかったと思います……」

高級和菓子屋の売場に出ていたこともあるせいか、小川恵子は綺麗な言葉を使って話した。

正男は胸痛と呼吸困難で苦しみ抜いたあげく、一年後に首つり自殺した。医療費の補助制度はまだできていないから、経済的負担を考えたのかもしれない。

「それからというもの、私は、昭一も死ぬるんじゃあないかと恐れて暮らしました。胎内で被爆していますから……一刻も手放したくありません」

「だったら、玄海原発などでなく、地元の中国電力に就職されたらよかったんじゃあないでしょうか?」横井は、出過ぎたことだと思いながら言った。

想えば横井薬剤師が小川恵子・昭一の母子と初めて会った一九八〇年代の中頃というのは、大手の電力会社が競って原発に手を拡げ、営業運転を始めた頃である。中国電力は戦後の設立以来、石油による火力発電を主体に水力発電も交えながら発展してきたが、他の電力会社の動向や政府の意向に沿って、原発設置の方針を固めた。選んだ場所は島根県八束郡鹿島町片句六五四番地、島根県の県庁所在地である松江市の北隣の、一畑薬師も遠くない、日本海に面したいい土地だ。日本で三番目の原発であり、その沸騰水型軽水炉は日立製作所が作るという点も目をひき、国産原子炉の第一号という称賛を受けたこともある。島根県庁に近いという点は気になるが話はどんどん進み、一九七四（昭和四九）年には営業運転を始めているから、採用条件が同じくらいなら中国電力のほうがよいのではないか、という意味である。

「昭一が九州電力の原発へ行くと言った時、もちろん私は反対しました。また寂しくなりますし、とにかく帰って来たものを手放す気にはなれません……」当時を振り返って悲しい場面でも思い出したのか、声が湿り言葉が途切れる。

「ということは……九州電力へ入社されるまえに」横井はおそるおそる尋ねた。「どこかへ就職しておられた、ということですか?」

それに対する恵子の返答は、すぐには出てきそうになかった。その未回答の部分に重要な事実が隠されているのは、ほぼ間違いない。だが今、無理をして聞き出そうとすれば、彼女は口を閉じてなにも喋らなくなるかもしれなかった。

横井は恵子の顔色を見ながら告げた。「今日はもうお疲れでしょうから、次の機会にまたお話を聞かせて下さい」

「いいですよ。私も気持ちを整理しておきましょう」恵子が応えた。

戦後四〇年を過ぎると広島もずいぶん復興し、旧市内にもビルが建ち並んだ。

その中には勤務医からビル開業する者もいたし、病院用のビルを建てる医者もいた。同様に、いろんな形態で開業する薬剤師も少なくなかった。戦後の一九五六（昭和三一）年に実施された医薬分業は、不徹底なまま推移していたが、一九九七（平成九）年から完全実施と決まったせいもあるだろう。横井邦彦は定年前だったが、思い切って一九八八年の春に開業した。

場所は、府中町役場のすぐ南にある宮の町二丁目で、安芸病院からも遠くないところである。木造平屋の小さな薬局だが、駐車場は思い切り広くした。東洋工業の勤務後に寄る人や、遠くから来る一般患者さんを念頭に置いていたからである。

小川恵子は安芸病院への通院を続けていた。安芸病院で院外処方箋をきって貰って、帰りに横井薬局へ寄るのである。入院中に薬の説明にかこつけて、こそこそ話をしていたのと比べると、こちらのほうが時間の都合をつけやすい。じっさい秋になって患者数が減り、午前の最後の患者さんが終わったあと、薬局長室横の小部屋で昭一についての話が始まったのだった。

「……あの子は、いい子なんです。小学校までは、とてもいい子でした。中学に入ってからも初めの間は、成績もよかったんですよ。それが二年の夏休みが終わって二学期になると、学校へ行かない日が目立つようになりました」

「原因は分かってるんですか？」横井が訊く。

「イジメかもしれないと思って、あれこれ原因を考えましたが、思い当たるものがありません」

「もしかして被爆はどうですか？　黴菌のように扱われて、伝染するといってイジメられた、という話は聞いたことがありますがね」横井が尋ねる。

「このあたりには被爆者がたくさんいます。家族の誰かが被爆したという家は少なくないんで、被爆だけではねえ……特別なものといえば、昭一は胎内被爆をしているという点でしょうね」

一九四六年一月一三日という昭一の誕生日から逆算すると、四五年八月六日の広島被爆は、妊娠五ヵ月頃になる。その後は府中町へ逃げたといっても、被爆の線量は少なくはあるまい。

「その後はどうなったのですか?」横井は本気で聞いているようだった。

「中学はなんとか卒業させたのですが、高校にはどうしても行きません。そのうち家にも帰らなくなりました」当時を思い出したのがいけなかったのか、彼女の目には涙が溜まっている。

「九州電力は中学卒の未成年者は雇わないでしょう。成人するまで面倒をみてくれそうな親戚でも、あったのでしょうか?」

「いいえ、親兄弟もこの頃には死ぬるか、障碍者のような姿になっていましたから、生きて行くにはヤクザの社会にでもいたのでしょう。でも、あの子はいい子です」彼女は涙を流しながら続けた。「ときどきは電話か手紙をくれましたし、お金を送ってくることだってありました」

　小川恵子の会話の中には、「あの子はいい子です」という言葉がしばしば出て来た。溺愛の感じだ。これがイジメられる原因かもしれなかったし、家出・不良化の基になった可能性もあると思いながら、横井は別のことを訊いた。「九州電力に就職されたのは、何時からですか?」

「就職というほどのものではありません。下請けの臨時雇いですから……もしかしたら暴力団のほうから回されたのかもしれませんけど……ああ、あの子が病院で横井先生とお目にかかったことがありますね、あれより五、六年まえだったでしょうよ」

「いまも同じところですか？」横井が訊くと。恵子は答えた。

「いいえ、あれから少しして、関西電力のほうに替わりました」


関西電力㈱（以下、関電と略す）は、福井県に集中して三つの原発を持っている。三方郡美浜町の美浜原発は、関電で最初の原発であり、日本の9大電力による原発の中では最も早期の原発だった。その1号機が営業運転を始めたのは一九七〇年一一月だ。ただし原子力発電だけの日本原子力発電㈱（原電と略す）という会社もあり、美浜町の東にある敦賀市には原電敦賀原発が設置され、その1号機の営業運転開始は一九七〇年三月だから美浜より早く、同社の東海発電所（茨城県東海村）は一九六六年七月に営業運転を始めているから、これが日本最初だ。

横道に逸れたが、美浜町の西に作られた大飯原発は、県南西部の大飯郡大飯町にある。若狭の観光船釣りは大飯港から出港し、イカなどを釣っている。

さらに西の高浜原発は大飯郡高浜町に立地し、舞鶴市など京都府に接して、若狭湾の海の幸を京の都に運ぶ鯖街道が通じていたが、これら三つの原発は、絶えず小さな事故を繰り返していた。

　事故は小さくても監督官庁に届けねばならない。だが大抵は下請けに任せて修理させ、元請の電力会社の記録には、何もなかったことにする。昭一を雇っている小さな会社も、そうした裏社会的な下請け会社の一つだった。


　薬剤師の横井邦彦がこうした状況を知っているのは、ときどき昭一が電話か手紙で近況を知らせてくるからだったが、横井自身も原発や下請けの機構を多少は調べているうちに、一九九〇年代は少しずつ進んでいき、中頃になった早春のある日、横井のところへ昭一から電話があった。

「次は東京電力のほうへ行ってみようか、と思っているんです」と、昭一は重たげな口調で告げる。

「それで、東電のどこ?」横井が訊く。東京電力㈱は、東電と略して呼ぶことが多い。

「福島です……」昭一は答えた。

　東電は、新潟県にも柏崎刈羽原発も持っているが、福島県には第一と第二の、二つの原発がある。福島第一原発は、福島県の浜通りと呼ばれる太平洋岸寄りの、双葉郡大熊町と双葉町に立地し、一九七三年に一号機が運転開始。以後九七年までに、6号機まで運転を始めている。福島第二原発はその南方、双葉郡楢葉町にあり、敷地の一部は富岡町に拡がっている。1号機の運転開始は一九八二年で、以後も2号機・3号機と順に開始し、4号機の運転開始は一九八七年からだ。

「なんでそんな遠くに行くの？　お母さんの容態は、あまり良くないようですよ」横井は呟くように言いながら、なんで昭一のことに力を入れねばならないのかと自分で訝った。横井邦彦は五歳年下の弟を原爆で失っている。その弟のイメージと重なっているのだろうか。

「大きいのは報酬の問題ですね。福島が一番たくさん出すんです。そのうち一度帰りますが、母のことは、よろしくお願い致します」

電話にしろ手紙にしろ、昭一からの連絡の最後には、〈母のことをよろしく〉という言葉が必ず付くのだ。それは母親の恵子が、〈あの子はいい子です〉と繰り返すのと同じ按配だった。

東電は事故をよく起こす会社だ。それを隠し回す会社でもある。特に原発関係はよく隠す。日本では「原子力発電は安全だ」という安全神話が長いあいだ支配的だったが、安全だった時代など、一度もなかったのだ。全国どこの原発も運転開始後のかなり早い時期から、小さな事故や点検で見つかる異常は少なくなかったが、それはもっぱら隠されてきた。

東電の一九八〇年代から一九九〇年代にかけての自主点検記録によれば、最も多いのはシュラウド関係である。シュラウドとは、「覆うもの」という意味だが、原発関係では原子炉の圧力容器内で燃料集合体と制御棒が配置された原子炉内中心部の周囲を覆っている円筒状のステンレス製構造物のことだ。この損傷が第一原発の1号機～6号機、第二原発の2号機から4号機に見られ、他にもドライヤーの損傷とか、工具の紛失などもあり、未修理や不充分な処置も少なくない。

じっさいの修復工事は小川昭一が属している、相馬（そうま）産業という一次下請けがすることが多かった。

この会社は浜通りの一番北にある相馬市の、国道6号線（昔風にいえば陸前浜街道）に近い宇田川町に本社があり、第一原発に近い大熊町の、海渡神社の東に事業所があって、原発が必要とする時に備えていた。昭一もこの原発の修理の仕事をしたわけだが、背後には、点検記録の事故等が過少に、不正に記載されていた、ということである。

そのため二〇〇二（平成一四）年には、点検作業をしたアメリカ人技術者の内部告発により、東電原発トラブル隠し事件として、社長・会長・相談役二名・副社長（原子力本部長）の五名が辞任に追い込まれることになった。

ただし小川昭一は、その時点ではもう福島にはいなかった。血尿・会陰痛・全身違和感などで福島医大を受診し、前立腺癌の診断を下されたからだ。彼は先ず診断書を相馬産業の担当者に提出した。足抜きではないことの証明である。電力会社の原発が抱え込んでいる下請けは、全国的な連絡網を持っており、誰かがどこかで辞めると情報は全国に流れ、何処かの下請け会社が拾うのだ。他方、原発に関わる労務者には個人別の被曝線量をゼロ水準から始めさすのである。これによって調査の時点では、被曝労働者の個人別線量は基準内にあり、審査はＯＫとなるのだ。

だから癌の診断書は多重の意味で必要だったが、その提出がすむと昭一は、横井邦彦に文書で連絡を取った。横井は二年ほど前から民生委員もしていたが、彼が受けた手紙の末尾にも、昭一は、

「母のことをよろしく」という言葉を忘れていなかった。

小川昭一が福島を発って、広島市外府中町の安芸病院に入院している母親恵子の許に辿り着いたのは、二〇〇一（平成一三）年九月の最初の火曜日、もう夕暮れの時刻だった。

恵子は糖尿病性腎症の悪化に加え、多臓器不全の症状まで出て苦しんでいたが、昭一が

帰って来たので泣いて喜んだ。「やっぱり昭一はいい子でした」と、泣きながら繰り返すのである。

そして床頭台の引き出しから、高齢者医療被保険者証、被爆者健康手帳、生活保護受給者証、ゆうちょ銀行の総合口座通帳、家の鍵等を確認させてから言った。「あんたも年をとったねえ、少し痩せたんじゃあないの？　ああ、家の鍵は昭(しょう)ちゃんが持っといてよ」

ここまで一気に話すと、疲れたのか目を閉じて、微睡(まどろ)んでいる様子だ。

そこへ薬局の仕事を終えた横井がやって来る。

「いい時に帰ったよ、お待ちかねだったぞ」と言いながら恵子の寝姿を確かめ、それから小声で告げる。「チョッと外で立ち話でもしようか……」

「いいですよ」と昭一は答えた。別に異存はない。

廊下は夕食後の容器を集める配膳車が通って行く。横井は言った。「君の前立腺癌のことは、お母さんに言っていないんでね、まずそこを確認しておきたいんだよ」

「その線でお願いします。私も告げておりません」昭一は言葉をチョッと切ってから続けた。「癌だと分かった時には、すぐ帰って、お母さんに甘えたいような気もしました。でも、容態が悪いと知ってからは、母親の最後は私が看るべきだと思い始めたんです」

昭一が帰って来たので安心して気が緩んだのか、小川恵子はその三日後に死んだ。

人が死ぬと、いろいろな行事が派生し、書類が必要になる。まず死亡診断書を病院で書いてもらい、役場に死亡届を出し、死体埋火葬許可証を貰い、市営の火葬場で焼く。

一人でするのは大変だから、横井薬局の職員が手伝って葬式だけはなんとかすませたが、小川昭一自身が前立腺癌を持つ身で、痛みがあるし体調不良も軽くはない。原発の下請けでは辞職しても退職金もないだろうが、広島の原爆による被爆者健康手帳は持っているから医療費は無料である。だから横井は安芸病院への入院を勧めたが、昭一は嫌がった。

「当分は外来で治療させてください」と希望するのだ。

前立腺癌の治療は4週間に1回の皮下注射だったし、痛み止めの飲み薬なども投与可能だから、外来治療も不可能ではない。だが食事・洗濯などを考えると、どうも気にかかる。

「じゃあ、変わったことがあったら、すぐ電話して下さい」と、横井は葬儀の日の別れ際に言った。

初七日（はつなぬか）には法事はしなかったが、これまでは小川恵子が住み、今は昭一の仮の宿になっている山田三丁目の家に行ってみると、昭一はヨガのような型で坐り、瞑想にふけっているようだ。

その後の横井は民生委員として、敬老の日の準備などで忙しく、昭一のことがつい疎（おろそ）

かになっていたが、二五日の朝ふと気懸りになり、薬局の昼休み中に昭一の家に行ってみると、煎餅布団の上に寝ている。いや、天井を眺めるような仰臥位で死んでいたのだ。後追い心中⁉

ふと、そんな気もする。

体の硬さからすると、死亡直後ではなく、長い日数が経ったものでもなかろう。それにしても死因は何か？

癌の悪化での急死は考えにくい。癌はまだ始まったばかりである。心臓病や脳血管障害による頓死も否定的である。そのような治療をした形跡はないのだ……。

その時、横井邦彦の脳裡に奇妙な考えが浮かんだ。

絶食による自殺ではないか？　この家の中には、食事をした形跡がないのだ。人間は飲食も排尿もしなければ、三〜四日で血圧が危険レベルまで上昇する。水を飲めば二週間はもつが、水がなければ四〜六日で死に至るという。

遺書でもないかと探したが何もない。財布には一万円札が四枚と、硬貨が少々あるばかりだ。葬式代の足（た）しにでもしてくれ、という心算（つもり）だろうか。

入院を嫌がった時点で昭一は、すでに死を考えていたに違いない。横井は胸の潰れる思いがした。

時間が一九八六年に戻り、振り子運動しているような気もした。

（了）

天瀬裕康（あませ・ひろやす）

一九三一年広島県生まれ、日本ペンクラブ会員、『ＳＦ詩群』主宰。著書に長篇『闇よ、名乗れ』（近代文芸社）、詩集『閃光から明日への想い』（コールサック社）などがある。

九つの太陽が七つになった話

村上政彦

九つの太陽が七つになった話

村上　政彦

無である。

第一の世界トクペラには、造物主のタイオワだけがいる。

時間もないから、始まりも終わりもない。

タイオワは無限を有限に変えた。

タイオワは生命を誕生させるためにソツナンを創造した。

ソツナンはスパイダーウーマンを創造した。

スパイダーウーマンはポクァンホヤとパロンガゥホヤの双子を創造した。

生命に音が生まれ、運動が生まれた。

双子は地球の自転を固定させるため、北極と南極に別れて住んだ。

スパイダーウーマンは、人類を誕生させ、よく調和して生きること、造物主に感謝することを教えたが、誰も言葉を知らなかったので、ソツナンを呼んで、人種ごとに異なる言葉を教えた。

誕生したばかりの人類は、仲間を産み増やし、幸せに暮らした。

ところがしばらくすると、調和を乱し、造物主への感謝も忘れた。

タイオワは世界の作り直しを決めて、トクペラを破壊することにした。

教えを忠実に守っていた少数の人々は、トクペラの外へ導かれて破壊から逃れた。

少数の人々が逃れたあと、タイオワはソツナンに命じて世界を焼き滅ぼした。

トクペラから逃れた人々は、地下の世界で蟻と暮らした。

食料がとぼしくなってきたとき、ソツナンは第二の世界トクパを創造した。

陸地をこしらえ、水を撒いて海をつくり、人々を呼び出した。

ソツナンは、人々にこれまで通り教えを守るようにと諭した。

第二の世界には、人々が必要とするものは、何一つ不足しているものはなかった。

しかし人々はすぐ教えを忘れ、必要とするもの以上のものを求め始めた。

人々は強欲になり、他人のものを奪い、戦争を始めた。

ソツナンは、スパイダーウーマンを呼んで、タイオワの教えを守っている少数の人々を逃した。

スパイダーウーマンは第一の世界が焼き滅ばされたときと同じように、人々を地下の蟻の巣へ導いた。

ソツナンは、北極のポクァンホヤと南極のパロンガゥホヤに命じて、地球の自転を乱した。

山は崩れ、大きな洪水が起こり、氷のなかに地上の生命が閉じ込められ、第二の世界トクパは滅びた。

長いあいだトクパは氷に覆われていたが、教えを守る忠実な人々は蟻の巣で穏やかに暮らした。

食料はみなで分かち合い、不足しないように配慮をした。

ソツナンは、この様子を見て、ポクァンホヤとパロンガゥホヤに命じて、地球の自転をもとに戻した。

ソツナンは、第三の世界クスクルツァを創造した。

山をこしらえ、海をつくり、動物や植物を創造した。

世界の創造が終わると、人々は地下の蟻の巣から出て来た。

教えを守る忠実な人々は、第一の世界では動物と暮らし、第二の世界では家や道具や村をつくった。

第三の世界では、大きな街や国をつくった。

人類は産み増やし、多くの仲間が生まれた。

人々のなかの愚かな者は、暮らしが発展するにしたがって、タイオワやソツナンへの感謝が薄れ、やがて忘れるようになった。

また、戦争が始まった。

ソツナンは、教えを守る忠実な人々を救うため、スパイダーウーマンを呼んだ。

スパイダーウーマンは、植物の茎の、なかが空洞になっているところへ人々を導いて、水とコーンミールを入れて封じた。

教えを守る忠実な人々が逃れたのを見て、ソツナンは洪水を起こして山を崩し、陸地を散り散りにし、海に沈めた。

人々が入った植物の茎は、長いあいだ海に浮かんで漂っていた。

しばらくしてスパイダーウーマンは、茎の口を封じた蓋をとって、人々を外へ出した。

そこは第四の世界ではなく、水に満ちた第三の世界クスクルツァだった。

人々は太陽を目印にして、陸地を求める旅を続けた。

やがて人々は緑の豊かな美しい土地にたどりついた。

スパイダーウーマンが現われて言った。

「第四の世界ツワクァチは、この土地ではない。安易にこの土地に住みつけば、あなたがたは、また戦争を起こすだろう。旅を続けなさい。困難な道を歩みなさい」

人々は、また太陽を目印に果てしのない旅を続けた。

ついに人々は陸地を見つけ、そこへ上陸した。

そこへソツナンが現われて言った。

「よく、ここまで来た。ここが第四の世界ツワクァチだ。

ここはすべてが美しいわけではなく、物事を簡単に進めることもできない。

高い山もあれば、深い海や川もある。

暑い日も、寒い日もある。

自分たちで、考え、選び、この世界を完成するのだ。

助けがいるときは、神の声に耳を澄ませ」

ソツナンは去った。するとマサウが現われた。

マサウは第三の世界クスクルツァを司っていたのだが、タイオワに尊大な態度をしたため、新しい世界の世話を命じられたのだ。

マサウは言った。

「おまえたちの旅は終わっていない。ここは世界の西側の斜面だ。自分たちの暮らす土地を見つけよ」

マサウは去った。

人々は氏族に分かれ、ふたたび会うことを誓い合って旅を始めた。太陽氏族、蜘蛛氏族、蛇氏族、笛氏族は、北へ向かい、鸚鵡氏族、鷹氏族など鳥系氏族は南へ向かい、南に向かった氏族の一部はアステカやマヤの祖先になったという。

語り終わったメディスンマンのエモは、煙草に火をつけて、口からたっぷりと紫色の煙を漂わせた。シューシがこの話を聴いたのは何度目だろう。集まっている少年少女のなかでも、一番年上なのですっかり覚えてしまった。

もう一服、煙草を吸って、質問は？　とエモは子供たちに問いかけた。誰も手を挙げない。エモは首をかしげて、

「みんな賢いな。一度で分かったか」と言った。

おずおずと一人の少女が胸の前で掌を見せた。エモは皺だらけの首を突き出し、

「ラーロ、質問か？」と訊いた。

「第四の世界は、完成したの？」

エモは皺の奥にある眼を見開いて、

「ラーロは、どう思う？」と訊き返した。

少女は頭を左にかたむけて、んー、と言った。

エモは車座に坐っている子供たちを見回して、

「みんなは、どう思う?」と問いかけた。

「完成してない」とひとりの少年が行った。

パカヤニだ。シューシよりも三つ年下の十三歳。

「どうして、そう思う?」

パカヤニは、白人たちがロスアラモスと呼んでいる土地につくられた小さな町のほうを指さし、

「白人が威張ってるからさ」と言った。「平等じゃない」

エモは満足そうにうなずいて、おまえは賢い、と言った。

「今日はこれで終わり」エモは煙草を地面に擦りつけて消した。

子供たちは、口々に何か言い合いながら立ち上がり、仲のいい数人ずつの集まりになって、居留区のあちこちへ散っていった。

「シューシ」エモが彼に手招きをした。

またか、と彼は思った。

「まだ決心はつかないか?」

「言ったじゃないか。決心はついてるよ」

エモは駝鳥のような皺だらけの喉を縮めて、

「おまえは年長者への口のきき方がなってない」と睨んだ。

シューシは掌をひらひらさせながら、

「メディスンマンにはならない」と言った。「何十年もエモの下で修行するなんて、あり得ない」

「その答えこそ、あり得ないぞ」エモは言い返した。「親だって承知してる」

「親は親。僕は僕だよ」

エモは皮肉に口をゆがめて、

「白人の考えだ」と言った。「もう白人かぶれか」

「文明は進んでる。エモの頭は石器時代のままだ」

エモは古びた鹿革のような渋い色をした手で、もういい、あっちへ行け、という仕草をした。

シューシたちプエブロは、ずっとこの土地で暮らしてきた。それが去年になって大勢の白人たちが集まって来るようになり、大地の上に住宅や商店を建て、周りを有刺鉄線で囲って小さな町をつくった。土地のプエブロも人夫として雇われ、工事に関わった。それはトウモロコシを育てるよりずっと稼ぎがよかったので、シューシの父親も働きに出た。ただ、すべてのプエブロが白人たちを歓迎していたわけではなかった。プエブロにとって土地は人に結びついている。いや、人が土地に結びついている。人と土地はひとつなのだ。白人は違う。土地を物のように売り買いし、一枚の紙切れで自分の持ち物にする。だから、持ち主があっさり代わる。それはプエブロには理解できない考えだった。いまの小さな町も政府の持ち物で、簡単に出入りすることはできない。門に銃を持った兵士がいて、人の出入りを監視している。町で働くプエブロも身分証がなければ入れない。あれは牢屋と同じやり方だというプエブロもいた。

シューシの家族は、父と彼が出入りのできる身分証を持っていた。父は人夫として、シューシは一軒の白人家庭の使い走りとして、この町で働いていた。シューシは身分証を見せるとき、何だか偉くなったようで少し得意だった。もともとは父が住宅を建てたとき、そこの住人から簡単な力仕事や買い物や犬の散歩をしてくれる使い走りはいないか? と訊かれたことがきっかけだった。それなら俺の息子がやります、と父は言った。もう十六です。立派な大人です。父はその家のパウラ夫人に信頼されていたので、一度、面接しただけで、シューシはすぐ採用された。パウラ夫人は、まだ三十歳になったばかりの、金髪で青い眼の色をした美しい女性だった。夫は物理学者で、子供はおらず、小さなポメラニアンを飼っている。シューシは朝九時ごろに家へ行って、水汲みをしたり、薪を割ったり、食料の買い出しをしたり、犬の散歩をしたり、庭木の剪定をしたり、女のメイドがしないことを引き受けた。

パウラ夫人は、ときどき犬の散歩についてきた。町をぶらぶら歩きながら流暢な英語を話すシューシと他愛のないおしゃべりを楽しんだ。しばらくすると、散歩は犬がいないこともあるようになった。夫人が先に立って、シューシが少し遅れてついていった。彼女は商店でアイスキャンディーを買ってくれた。冷たくて、甘い、お菓子——シューシはそんなものを口にしたのは初めてで、がりっと噛んで歯にしみた。夫人はおかしそうに笑った。映画館に入ったこともあった。もちろん大きなスクリーンに映るハリウッドの映画など観る機会がなかったので、車や列車が走って来たり、人の顔が大写しになったりすると、飛び出してくるような気がして、びっくりした。いつか、シューシは夫人の小間使い兼ペットになった。ポメラニアンよりも、浅黒い艶々した肌と黒い髪のプエブロの少年のほうが、遊び相手としては面白かったに違いない。

夫人はランチのとき、ワインを少し飲むと、いい気分になって、蓄音機でレコードをかけ、シューシの手を取ってダンスに誘った。彼は戸惑いながらも、彼女から漂ってくる成熟した女の匂いに惹かれた。そこから二人がベッドを共にするまで、それほどの時間はかからなかった。夫人の夫は、研究所で囚われてでもいるように、家には眠りに帰って来るだけだった。そのうちシューシも、夫人の家にいるほうが長くなり、父母のいる実家には眠りに帰るだけになった。まだ無垢な少年には、すぐ白人の生活がしみついていった。

シューシの体が変調をきたしたのは、パウラ夫人の小間使い兼ペットになって数か月ほど経ったころだった。出勤しようとして、実家を出て空を仰いだ途端、激しい眩暈がして立っていられなくなり、地面に坐りこんだ。やがて眩暈はだんだん治まったが、空に九つの太陽が見えた。眼の錯覚かと思ったが、彼はその日の夕暮れ、沈んでゆくオレンジ色の九つの太陽を見た。夜になって体が怠くてしようがなく、眠ったかと思ったら何かにびくっとして眼が醒める。寝言を言っていたようで、母が傍らに立って掌を額に置いていた。ひんやりと気持ちがよかった。

「ひどい熱」と母は言った。

朝になってエモがやって来た。手伝いの少年が肩に革袋をかけている。エモは寝台に腰かけ、奥を覗き込むようにシューシの眼を見つめ、後ろに控えている少年に何か言った。彼は革袋から薬草を取り出し、シューシの母に湯を沸かして持って来るように言った。やがてラード缶に入った湯が運ばれて来た。エモが薬草を湯に浸して揉むと、湯の色が緑色に変ってゆく。

「飲みなさい」

シューシは体を起こして苦い味のする湯を飲んだ。エモに全部飲めとうながされて言われた通りにした。

「寝なさい。明日の朝になったら、また来る」

エモと少年が帰ってシューシは横になった。いつ眠ったのか、気がついたら水を浴びせられたぐらい汗をかいていて、母が布で体を拭っていた。下着を替えて横になり、しばらくしたらエモと少年がやって来た。

「何があった？」

窓からはまぶしい朝日が射している。エモは小さな埃がきらきら光るなか、ベッドの傍らの椅子にかけた。シューシは、眩暈がして治まったと思ったら九つの太陽が見え、それから体が怠くなって発熱した、と言った。エモはそこに答えがあるように天井を見上げ、しばらくして腰を上げ、立てるか、と訊いた。シューシは体を起こしてベッドから下りた。少しふらっとしたが、怠さはない。うながされて外へ出た。エモが何か言うと、手伝いの少年は地面に色砂で砂絵を描き始めた。大きな白トウモロコシが現われ、その真ん中に青い砂で、ちょうどシューシぐらいの少年が立っている。エモはシューシを少年の絵の上に坐らせた。背後には虹が描かれている。手伝いの少年は、地面を掘って人がくぐれるほどの大きさの木の輪を立てていく。シューシの前には樫の輪が、家の出入り口には野薔薇の輪が立てられた。エモは離れた輪の傍らに暗い峰を描いた。隣の輪の傍らには青い峰、さらに隣には黄色の峰、エモの前には白い峰が描かれた。手伝いの少年は、暗い峰のほうに黒い砂で熊の足型を描いた。エモはその右側に青と黄色と白の砂で、熊の掌を描いた。すべての峰の上に虹を描いた。

手伝いの少年は、祈りの経木を手にし、熊のような唸り声をさせて、シューシに近づいた。エモは手に持った火打石でシューシの頭を打った。にぶい痛みとともに血が流れた。それは地面にぽつぽつと落ちた。エモと手伝いの少年は、シューシの両脇をかかえ、地面の熊の足型を踏むように歩かせ、木の輪をくぐらせた。そして、地面に坐らせ、母が用意していた湯で、インディアン茶を淹れ、シューシに飲ませた。エモが言った。

「おまえは、大地と切れていた。いま、つながるように手を施した。だが、本当にまたつながれるかどうかは、おまえ次第だ。プエブロは、プエブロらしくふるまえ」

母が礼を言い、エモと少年は去って行った。

その日、シューシはパウラ夫人の家へ働きに行ったが、彼女からダンスを誘われても足をくじいたと嘘をついて踊らなかった。夫人は不満そうにワインを飲みながらラジオを聴いていた。

大地だけが生きつづける。
自分の人生がわからなくなったり
自分がなぜ人に聞き入れられないのか、わからなくなったとき
わたしが話しかけるのはいつも大地だ。
すると大地は答えてくれる。
かつてわたしの先祖たちが
悲しみの涙で太陽が見えなくなったとき
彼等に歌ってやったのと同じ歌で。
大地は歌う、歓喜の歌を。
大地は歌う、称賛の歌を。
大地は身を起こして、わたしを嗤う、
春が冬に始まり、死が誕生によって始まることを
わたしがうっかり忘れるたびに。

シューシはパウラ夫人のダンスの相手をしなくなっただけでなく、一緒に散歩もしなく

なった。何よりベッドを共にすることを拒んだ。家の仕事だけを黙々とやった。夫人は冷ややかな眼差しで彼を見つめ、ある日、高価な指輪がなくなった、と騒ぎ立て、夫に彼の仕業だと言い、家から追い払われた。シューシは白人の町で働くのをやめてトウモロコシ畑に戻った。

渓谷の景色は変わらなかった。蜜のように甘い匂いを漂わせるビーウィードの草が群れて、まっしろいイトランの周りをマルハナバチが飛び交い、数百ものポプラの葉が光っていた。崖の下には、黄色いデイジーが咲いていて、青いラビットブラッシュが茂っていた。

そのとき、轟音とともに地鳴りがした。急いで家に戻ると、エモがそこにいて、皺だらけの顔を顰め、どこか遠くを眺めていた。突然、激しい眩暈がした。立っていられなくて地面に、どさっと坐りこんだ。しばらくして眩暈が治まると、七つの太陽が見えた。

「エモ……太陽が七つになった」シューシが言った。

「そうか。二つは地上に落ちたな」エモがしわがれた声を出した。

それからしばらくしてエモのたましいは体から抜けた。一篇の詩を残して。

今日は死ぬのにはもってこいの日だ。

生きているものすべてが、わたしと呼吸を合わせている。
すべての声が、わたしの中で合唱している。
すべての美が、わたしの目の中で休もうとしてやって来た。
あらゆる悪い考えは、わたしから立ち去っていった。
今日は死ぬにはもってこいの日だ。
わたしの土地は、わたしを静かに取り巻いている。
わたしの畑は、もう耕されることはない。
わたしの家は、笑い声に満ちている。
子どもたちは、うちに帰ってきた。
そう、今日は死ぬにはもってこいの日だ。

シューシはメディスンマンにならなかった。それから長い歳月が過ぎて、シューシは白血病でたましいが体から抜けた。エモのたましいは、シューシのたましいを抱きしめてやるために、ずっと探しているのだが、いまだに見つからない。

【引用参考文献】

『今日は死ぬのにもってこいの日』（ナンシー・ウッド著／フランク・ハウエル画／金関寿夫訳／めるくまーる）

『儀式』（レスリー・M・シルコウ著／荒このみ訳／講談社文芸文庫）

村上政彦（むらかみ・まさひこ）

1987年、福武書店（現ベネッセ）主催・『海燕』新人文学賞受賞（同時受賞者吉本ばなな）。以後、5回続けて芥川賞の候補に。『ナイスボール』は、「あ、春」と題されて松竹で映画化。ベルリン国際映画祭国際批評家連盟賞受賞。日本文藝家協会常務理事。日本ペンクラブ平和委員。脱原発社会をめざす文学者の会共同代表。文化庁文化審議会国語分科会委員。創価大学非常勤講師。近著、『赤い轍』（論創社）。

呪われた大地、沈黙の葬列

森詠

呪われた大地、沈黙の葬列

森　詠

開高健は、ノンフィクションを書くと、フィクションが書けなくなる、と言った。私は逆に、フィクションを書くと、ノンフィクションが書けなくなる。

ノンフィクションは、自分の想像で書いてはいけない。私は一度フィクションを書いてしまうと、小説家の眼になってしまい、二度と元に戻らなくなった。ノンフィクションを書いても、どこかに自分の想像や嘘が雑じっているように感じてならないのだ。だが、私の前で起った事実は事実であり、真実である。

そのベルベル人の古老に出会ったのは、いまから四十年前の一九八三年のことだった。いまでも、深い皺が刻み込まれた古老の顔をよく覚えている。私はまだ若く、元気に世界を旅していた。

その年、アルジェリアの首都アルジェで、PLO（パレスチナ解放機構）のパレスチナ国民議会（PNC）が開催されたので、私はジャーナリストとして取材に訪れていた。

前年にイスラエルがレバノンに大規模侵攻するレバノン戦争が起こった。ＰＬＯは五十数日間抵抗したものの、国際社会の和平仲介を受け入れ、レバノンから撤退し、チュニジアに本拠を移した。そして、隣国アルジェリアで国民議会ＰＮＣを開催した。

ＰＮＣの取材を終え、私はせっかくアルジェリアまで来たのだから、ぜひ、サハラが見たいと思った。そこで帰国を一月延ばし、サハラ縦断の旅に挑むことにした。

アルジェに駐在していた商社マンの大学の先輩は、私の旅の計画を聞いて懸念した。

「サハラ縦断は周到な準備さえすればなんとかなる。だが、ニジェールやマリに入るのは、危険だ。考え直したらいい。どちらの国も政情不安だ。特に外国人は狙われる」

ニジェールやマリは、誘拐、人質事件、テロが横行していた。さらに、独裁者の権力争い、クーデター、ゲリラ内戦が繰り返されていた。

「危険を怖れていたら、ジャーナリストはやっていられない。危険は覚悟の上のこと」

私は強がって言ったが、サハラを走るだけでもいい、と思っていた。

ニジェールやマリに入ろうにも、日本を出る前に入国ビザを取っていなかった。どちらの国も、ジャーナリスト・ビザはなかなか下りなかった。取れるとしても、本国との連絡を取るなどの口実で一ヵ月も二ヵ月も待たされる。

だが、ニジェール国境まで行けば、なんとかなるだろう、と楽観していた。

中東のどの国もそうだが、在京の大使館で入国ビザが取れなくても、現地の国境の通関に行けば、トランジット（通過）ビザや短期間の観光ビザが取れる。入国したら、こっちのものだ。自由に取材してしまう。

国境地帯に暮らす現地の人たちは、いちいち首都の大使館や領事館に行って、ビザを申請するような面倒なことはしない。国境の通関で簡単なトランジット・ビザを取り、隣国と行き来して商売したりして暮らしている。

先輩は、サハラの運転に慣れている運転手兼案内人の青年アリを紹介してくれた。アリは先輩の商社に雇われていた。車はアリが、どこからかレンタルして来た。

アリは、二十代後半の無口なアラブ人だった。話す言葉はアラブ語だったが、旧宗主国フランスの教育を受けていたので、フランス語も流暢に話せた。教養もあった。イスラム教徒ではなく、キリスト教徒だった。英語や日本語も少々話す。

顔は日焼けして浅黒く、苦味走った精悍な顔付をしていた。アルジェリア映画『アルジェの戦い』に出てくるテロリストのアルジェリア人そっくりだった。私がそう言うと、彼は映画を見ていたらしく喜んだ。

実際、アリはアルジェリア軍の元兵士だった。アリはアルジェリア情報機関の工作員だったのではないか、と私は思っている。アルジェリア政府は、海外からの進出企業を監視するため、情報機関の要員を進出した海外企業に雇わせていた。

アリは砂漠の道路の運転に長けていた。まるで、パリ・ダカール・ラリーのように、車を走らせた。平均時速二百キロ近くの高速で車を走らせ、一日でおよそ八百キロメートルも走破する。

サハラには、フランス植民地時代に幹線道路が造られ、隣国のニジェールやマリ、リビアまで延びていた。いずれも、ニジェールやマリ、リビアとアルジェリアを結ぶ大動脈で、毎日、大型トレーラーや大型輸送トラックが、何十台となく粉塵を上げて往来していた。だから、車でサハラを走るといっても、砂漠や土漠、荒野の道なき道を走るわけではない。

サハラの砂は淡い赤褐色をしており、海浜のざらざらした砂とは、まったく違った。さらさらとしたパウダーのような細粒で軽かった。少しでも風が吹けば、サハラの砂は舞い上がる。石英や雲母が砕けて粉になった砂で両手で砂を掬っても、さらさらと指の間から零れ落ちていく。

サハラは、そうした砂だけの世界ではなく、礫や岩石の丘陵や盆地、荒野などの土漠地帯も半分雑じっていた。

私は、途中何度も車を止め、サハラの地に立った。三六〇度周囲を見渡す限り、地平線まで、砂、砂、砂の世界に、私は見とれて感嘆した。運転席のアリは、そんな私を見て、不思議そうに笑っていた。

私たちの車は、途中、停まって車にガソリンを入れたり、簡単な食事を摂る時を除いて、ほぼ十二時間走り抜いた。まだ明るいうちに、サハラのど真ん中のオアシスの町アイン・サラーフに到着した。アルジェから、およそ千二百キロ南下した所にある町だ。

大きな砂丘を背にして、二、三十棟ほどの石造りの建物があるだけの小さな町だった。町の住民は三百人もいただろうか。それでもサハラでは大きな町だ。ガソリンスタンドがあり、郵便局や警察や軍の詰め所もあった。近郊には滑走路一本だけの飛行場もあった。町には長距離運送トラックのドライバーたちが立ち寄って、食事をしたり、宿泊するホテルがあった。私たちも、そうしたホテルの一つに投宿した。

オアシスのほぼ中央に、湧き水の泉があり、その周囲をナツメヤシが取り囲むように生えている。ラクダの隊商が立ち寄り、休息する水場でもあった。村の外れの砂地に、ベルベル人たちのテントが何基も建っている。

テントの近くの空き地には、何頭ものラクダが膝を折って座り、大きな口をもぐもぐさせていた。

私はベルベル人の暮らしが見たいので、アリと連れ立ち、テントの周辺をうろついた。テントの砂地に、のんびりと水煙草を吸っている老人を見て、私は挨拶した。

老人は東洋の外れから来た私に興味を覚えたらしい。だが、日本のことは、まったく知らなかった。日本人を見るのも初めてらしく、私にチーノ（中国人）か、と訊いた。老人はシナ（支那）については多少知っていた。

老人は頭にハッタを巻き、日焼けした茶褐色の顔をしていた。額には、深い皺が何本も刻み込まれていた。頬は瘦け、口の周りや顎に山羊のような長い白髯を生やしていた。左の目には朱色の血が混じり濁っていた。もしかして、見えないのかも知れないと思った。軀にはゆったりした白いロープのようなベルベルの民族衣裳を纏っていた。

アリの通訳で、私は老人と会話を進めた。

年齢はまだ六十三歳だと言ったが、その風貌や貫禄から、八十歳過ぎの古老に見えた。古老は、アグ・モハメッド…と名乗ったが、聞き慣れないトゥアレグ人の名だったので覚えていない。

アグ・モハメッドは気さくに私に話しかけて来るが、私は笑みを返すしかなかった。アリはトゥアレグの言葉は話せなかった。アグ・モハメッド老人のアラブ語は訛りがあるらしく、アリは何度も聞き返していた。

紅茶を運んで来た少年が、アリに老人の話をアラブ語で伝えた。アリは納得したらしく、苦笑いしながら両肩をすくめた。

「少年は、この年寄りはベルベルじゃない、誇り高きトゥアレグの戦士だと言っている」

ベルベルは古代ローマ人たちが、サハラのトゥアレグ人たちを未開の野蛮人と馬鹿にした言葉だという。そういえば、ムーア人という名も、スペイン人がモロッコなどアフリカ北西部のアラブ人を蔑称する言葉だった。

アリは小声で、私に言った。

「トゥアレグ人はアザワド（サハラの西部地方）に暮らす遊牧民だ。彼らは人数こそ少ないが、死を怖れぬ、勇猛果敢な部族だ。アルジェリアがまだフランスの植民地だった時代、トゥアレグ族はアザワド地方で度々反乱を起こし、あの精強なフランス外人部隊を悩ませたものだった」

少年はアリの英語が分かるのか、誇らしげに、細い顎をくいっと上に向けた。トゥアレグの古老は、皺だらけの顔をさらに皺だらけにして微笑んでいた。

少年は古老に何事か囁き、古老が着ているローブの袖を捲った。古老の右上腕部にケロイド状の銃創があった。

「…敵と戦って出来た印だ」

アリが頷きながら言った。

「トゥアレグの戦士は、敵と銃で戦う時、片膝を折り曲げて紐で縛る。決して逃げないという意志表示だ」

私はその様子を想像しながら、アグ・モハメッドの顔をつくづく眺めた。老人の片方の白目には血の網がかっているが、不敵な目力があった。ただの年寄りではない。

あたりは黄昏はじめていた。砂丘に斜めに陽光が差し始めていた。古老はふと地平に傾く太陽に目を向けると、おもむろに立ち上がった。立ち上がりながら、古老は私たちについて来いという仕草をした。それからテントの裏手に聳え立つ大砂丘に向かって歩き出した。

「いいものを見せてやる、といっている」

アリが私にどうする、と聞いた。古老は、私たちの返事を無視し、大砂丘に向かって、ゆっくりと歩いて行く。少年が先に立って駈け上がる。

私は「行こう」とアリに言った。古老の後について砂丘を登り出した。サハラの砂丘は粉状の砂なので、足がすぐに砂に埋まる。砂丘を登るには、尾根の砂がやや固まった箇所で、前に歩く人の踏み跡を踏んで登るしかない。

大砂丘の高さは三十メートルはあった。ようやく砂丘の頂に立つと、くれなずむ砂漠の町が一望できた。ちょうど太陽が真っ赤に燃え盛りながら、地平に沈むところだった。私は古老と並んで立った。地平にゆるゆると沈む夕陽の荘厳さに見とれた。大きな赤い火の玉となった太陽は、音もなく地平の陰に落ちて、隠れて行く。

古老は私に何事かを言った。アリが私の後に立ち、通訳した。

「…古老がまだ少年だった頃、サハラの西の地平に、天空の太陽とは違う、もう一つの太陽が燃え上がるのを見たといっている」

「もう一つの太陽？」

古老は夕陽を見ながら、静かな口調で喋り続けた。アリが古老の話を通訳した。

「…突然、光が西の空に走った。巨大な火の玉が燃え上がった。耳を聾する大音響の雷鳴が轟いた。無数の雷光が輝いた。目を開けていられなくなって地に伏せた。猛烈な旋風がサハラの砂を舞い上げ、天空を覆った。しばらくすると、真昼だったのに、黒い雲が空に広がり、あたりは急に夜の闇に包まれた」

古老はため息をついた。

「地上に出現した、もう一つの太陽は地のすべてを焼き払う地獄の業火だった。サハラに居た大勢のトゥアレグが焼け死んだ。そこかしこで、黒焦げになって死んでいた」

私は頭を殴られるようなショックを受けた。

その時、私はサハラがかつてフランスの核実験場だったことを思い出した。私は悔やんだ。どうしてサハラに入る前に、そのことを思い出さなかったのか。サハラには、ほとんど人も動物も住んでおらず、何もない世界だと勝手に思い込んでいた。

「天高く立ち昇った雲は、天空で四方八方に棚引いて広がった。雲は太陽の光を遮蔽し、大地を覆った。時ならぬ強風が吹き、やがて雨が降った。黒い雨だった」

当時、少年だった古老は、フランス核実験を目撃した生き証人だった。

フランスは、アルジェリアが一九六二年に独立するまで、サハラの中西部レッガーヌ（Reggane）地域で、大気圏内核実験を四回、レッガーヌの南西にあるタマンラセット（Tamanrasset）で地下核実験を十四回も行なっていた。

フランスは、レッガーヌ地域を無人地帯として核実験を強行したが、実は誰もいない地域ではなかった。そこには遊牧民のトゥアレグ族が、ラクダとともに砂漠を移動しながら暮らしていたのだ。

これは後で分かったことだが、核実験場となったサハラ西部アザワド地域は、反フランスで民族独立を叫び、果敢に戦っているトゥアレグ族が多数いるところだった。フランスは、そうしたトゥアレグ族の民族独立闘争を潰すためもあって、核爆発実験を行なったのだ。フランスは、当時、アルジェリアのＦＬＮ（民族解放戦線）がフランスから独立しようと、熾烈な武装闘争を行なっていた。トゥアレグ族もＦＬＮの独立闘争と呼応して武装蜂起していた。

そんなサハラの現代史を知っていたら、サハラに入る前に、フランスの核実験場についてちゃんと調べていたのに、と私は悔やんだ。

地図で見ると、実験場のあったレッガーヌ地域は、私たちが居るアイン・サラーフから、西へおよそ二百五十キロメートルほどのところにある。

フランスは、レッガーヌの郊外のどこかに、極秘裡に核兵器開発の研究所や施設を造り、フランス全土から原子物理学者たちを集め、原爆製造をさせた。そして、フランスは、核兵器開発に成功し、アメリカ、ソ連に次ぐ、核保有国になった。レッガーヌは、フランスにとってのロスアラモスだった。

私はアリに、ぜひ、レッガーヌの核実験場に行きたい、案内してくれと言った。アリは首を横に振った。

「いま、行っても何もない。どこに研究施設があったのかも分からない」

アリは私に言い訳がましく言った。

フランスのドゴール大統領は、アルジェリアの独立は止むなしと決まると、ソ連寄りのアルジェリアに核開発技術を盗られないように、核研究施設や核実験施設を、すべて徹底的に破壊するように命じた。そのため、サハラのフランスの核開発施設や核実験の痕跡は、跡形もなく爆破され、地中に埋められた。だから、現場に行っても何もないというのだ。

私は「何もなくてもいいから、行こう。どんなところだったかを見るだけでいい」とアリを説得した。

翌日、私たちは、ニジェール行きを変更し、レッガーヌに向かった。

レッガーヌは、アルジェや隣国モロッコから南下してマリに行く幹線道路のほぼ中央にある交通の要衝の町である。パリ・ダカール・ラリーも、通過する中継地点でもあった。

レッガーヌの町は、アイン・サラーフよりも大きく、賑わっていた。

私はアリと共に町の市場やトラックターミナルなどを歩き回り、核実験場や核施設の所在を聞き回った。だが、住民たちの大半は、新たに町に来た人たちで、近くに核実験場があったなど知らなかった。古い住民を見付けるのは一苦労だった。この二十年間に、大勢が亡くなっていて、昔を知る人はあまり居なかった。それでも、何人かの住民から、核実験場があった場所や、核開発研究施設があったらしい幻の町についておおよそ聞き込むことが出来た。

核実験場はレッガーヌ町の南西に三百キロメートルほど行ったあたりだと分かった。地図で調べると、シェシュ砂漠（Erg・Shesh）とあった。大気圏内の核実験場だったらしい。地下核実験が行われたタマンラセットは、地名だけで探しようがなかった。どうやら、科学者たちが集められた特別な人工の町は、レッガーヌ町の近郊にあったらしいが、これまた幻と化していた。

私はアリとレッガーヌ町の南西へ行く道を探した。だが、実験場への道路は閉鎖され、車では通行出来なかった。しかも二十年以上の年月を経ているうちに、舗装道路は砂漠の中に埋もれて消えていた。

立ち入り禁止の標識や看板もない。ただの砂漠に戻っていた。私は線量計を持って来なかったのをつくづく悔やんだ。いくら核実験から二十年以上経っていたとはいえ、高濃度の放射能に汚染された土地である。残留放射能はまだあるはずだった。

それにしても、アルジェリア政府は、レッガーヌ地域全域が放射能に汚染されたはずなのだが、なぜか、住民の健康調査や被爆検査も行なっていない。もし、健康調査をしていれば、アルジェリア政府は、住民の被爆状況を把握し、フランス政府に対して何らかの賠償を請求出来ただろう。被爆住民への慰謝料や治療費なども請求出来たはずだ。

アリは苦々しく言った。

「私も、フランスがサハラのレッガーヌ地域で核実験を行なっていたと知ったのは、大人になってからだ。フランスの核実験が行なわれた二十年前といえば、私はまだ十歳か十一歳の小学生だった」

「学校では、アルジェリアがフランスの植民地だった時代は屈辱的なので、旧宗主国フランスの帝国主義的支配に対する批判は習うが、サハラが核実験場とされたことなどは、あまり教えられなかった。核実験場がレッガーヌのどこだったのかなど、本当に私は知らないんだ」

アリは正直な男だった。だから、嘘をついているとは思えなかった。

核実験を行なったフランスは　その後、南太平洋のフランス領ポリネシアのムルロア環礁（タヒチから約千キロメートル南東に離れた環礁）に実験場を移し、一九六六年から一九九六年まで核実験を一九三回も行なった。

ムルロア海域には、ポリネシア人十二万七千人がおり、大勢が被爆した。住民の多数が白血病や臓器のガンにかかったが、フランス政府もＩＡＥＡも、発病と核実験の因果関係が医学的にも疫学的にも証明されていないとして、保障には消極的だった。

二〇一〇年、新たに元フランス軍兵士たちがフランス国内で訴訟を起こし、ようやくフランス政府は重い腰を上げ、因果関係の本格的な調査を進める法律を制定し、実態解明をはじめた。

元フランス兵士たちの証言によると、フランス軍は、レッガーヌ地域で行なった原爆実験の際、爆発直後の爆心地へ、兵士たちに命令して前進させ、被爆させたという。アメリカ軍も、ネバダ砂漠で原爆爆発直後、大勢の兵士を爆心地へ前進させていた。

フランス軍も、アメリカ軍同様、核戦争に備えて、核爆発が兵士たちの身体に、どのような影響を及ぼすのか人体実験したのだ。

軍部の考えることは、どの国も同じだ。兵士の命などは虫けらほどにも思っていない。兵隊は消耗品である。

私は、レッガーヌの取材を切り上げ、アイン・サラーフの町に戻ることにした。もう一度、古老のアグ・モハメッドに会って、レッガーヌ地域に居たトゥアレグ族の被爆の様子を聞き出そうと考えた。

私は車のフロントグラスに見えるサハラの光景を眺めながら、憂欝になった。当初考えていたサハラ縦断旅行やニジェール行きの計画は吹き飛んでしまった。この機会にサハラの遊牧民トゥアレグ族について、古老からもっと話を聞いておこう、と考えていた。

アイン・サラーフの町に車が着いた時は、夕刻になっていた。前に泊まったホテルに投宿し、早速、私はアリと一緒に古老のテントを訪ねた。だが、驚いたことに、古老が居たテントは取り払われ、跡形もなかった。隣のテントは、変わらずにあった。

テントには、古老の世話をしていた少年がいた。少年は私を見ると、悲しげに顔をしかめた。

古老は、どこにいるのか、と尋ねると、少年は、真っ赤な夕陽が地平に沈む西を指差した。昨日の夕方、古老はラクダにも乗らず、太陽が沈んだ西に向かって歩いて行ったという。誰も古老を止めようとしなかった。

私とアリは少年を連れ、くれなずむ大砂丘の頂に登った。少年は夕陽が沈んだ地平の残照を指差した。延々と連なる砂丘には、古老の姿は見当らなかった。

少年は目を赤く潤ませて言った。アリが私に通訳した。

「伯父は誇れるトゥアレグ族の勇士。伯父はいよいよ、最期の時が来たのを知り、西の太陽を追って歩いて行きました。伯父はサハラに生き、サハラに死ぬ。これで伯父は永遠にサハラの地に還ったんです」

私は黙るしかなかった。少年はなおも続けた。

「これが、ぼくたちトゥアレグの運命(さだめ)です。ぼくも伯父の遺志を継いで、トゥアレグの戦士になります」

私は少年の浅黒い顔が残照を浴びて赤黒く染まるのを眺めた。

少年は、これから何と戦おうというのだろうか。運命と戦おうというのか？　私は少年の未来を案じた。

「ぼくの名は、アグ・カオセン。覚えておいてください」

少年は、そう言い残すと、一気に砂丘を駈け下りて行った。私はアリと顔を見合わせた。

アリは言った。

「カオセンというのは、トゥアレグの伝説の英雄カオセンのことです。カオセンは、トゥアレグ族を率いて、フランスの植民地支配に対して反乱を起こした英雄でした。第一次世界大戦の時代の話です」

「あの子は、なぜ、いま伝説の英雄カオセンを名乗るのかな?」

「さあ、私には分かりません」

アリは頭を振った。

私は太陽が完全に没した西の砂漠を眺めた。天空には、地平に隠れた太陽に入れ替わって、無数の星が輝きはじめた。その時、西の彼方の砂丘に何人もの歩く人影が見えた。星影の下、人影は沈んだ太陽を追うように一列に並んで歩いて行く。それは亡霊たちの葬列に見えた。

「さ、我々も行きましょう」

アリは私の背を押した。私は驚いた。あの葬列に加わるというのか。

「どこへ?」

「…どこへって、ホテルにですよ。食事に行きましょう。昼飯抜きだったから、お腹が空き過ぎて倒れそう」

アリは笑った。私は慌てて、西の地平に目をやった。

「あれは…」

沈黙の葬列の人影は消えていた。

「何です?」

「あれが見えなかったかい」

「何がです?」

アリは、私が指差した西の地平に目を凝らした。やがて、アリは不審げな顔で私を見た。

「うん、何でもない。気のせいだろう」

私は、そうはいったものの、もう一度西の地平を眺めた。やはり、葬列の人影はなかった。私は気を取り直し、砂丘の斜面を下りはじめた。幻の葬列を見たというのか。

だが、心の中では確かに葬列の人影を見たと思った。もし、そうだとしても何の葬列だったのだろうか。もしかして古老アグ・モハメッドを悼むトゥアレグ戦士たちの葬列だったのかも知れない。そう考えると、私が心が少し和んだ。


後日談として書いておく。

帰国してから、私はサハラのトゥアレグ族について、文献を漁った。伝説の英雄カオセンはすぐに分かった。アグ・モハメッド・ワウ・テギダ・カオセン（1880年〜1919年）。カオセンの反乱は、サハラ一帯を植民地化しようとするフランスに徹底抗戦したトゥアレグ族の武装蜂起だった。一時、反乱は、西サハラから東はリビア、アルジェリアからニジェール、マリのサハラ全域を席捲した。その反乱の指導者がカオセンだった。

私がサハラで会った古老は、アグ・モハメッド…と名乗った。その甥っ子の少年は、伯父の遺志を継いでアグ・カオセンを名乗ると言った。トゥアレグ語のアグは、アラブ語のアブとほぼ同義語で、誰それを祖とする者という意味だ。古老と甥っ子の名が伝説の英雄カオセンと、名前の一部が一致しているのは、偶然の符合なのだろうか？　私はいまも疑問を抱いている。

森詠（もり・えい）

一九四四年生まれ。東京外国語大学卒。週刊読書人を経てフリーのジャーナリスト。世界の紛争地を巡り、小説家に。主な著書に、ノンフィクション『黒の機関』『石油帝国の陰謀』等。小説は『雨はいつまで降り続く』（直木賞候補作）、『夏の旅人』、『燃える波濤』（日本冒険小説協会大賞）、『オサムの朝』（坪田譲治文学賞）、歴史時代小説『川は流れる』など多数。

あとがき

本書は「脱原発社会をめざす文学者の会」が主宰する「第三回　脱原発文学大賞」の受賞者決定に合わせて、それを記念するために刊行されるものである。今回の受賞作品は、フィクション部門は村田喜代子『新古事記』（講談社）であり、ノンフィクション部門は青木美希『なぜ日本は原発を止められないのか？』（文藝春秋）の二作である。

「文学大賞」という大仰な名前を持ちながら、賞金も賞品も、社会的名誉もない、この賞を続けられたのは、喜んで賞を受けていただいたこれまでの受賞者の皆さんと、逆風（原発の再稼働や新増設を目論む）にもめげず、脱原発社会をめざす支援、協力者の皆さんの賜物である。

3・11以降、危険で不正義な原発を廃絶することを目標とする「脱原発社会をめざす文学者の会」は設立された。原爆と原発は同じように、核エネルギーを利用するもので、本質的には同じものである。ヒロシマ、ナガサキのヒバクシャたちは、フクシマの避難民たちと繋がる。本会は、初代代表の加賀乙彦氏をはじめとして、文学者が、その創作活動、表現活動を通じて、〝より良い核のない世界〟を実現することを目的とする者たちの集まりである。詩人、小説家、評論家だけではなく、ジャーナリスト、編集者などの広い意味での〝文学者〟たちにも、是非参加していただきたい。そして、この世界から原発と原爆が廃絶される日まで、私たちの運動を持続させたいものと思っている。

二〇二四年十月五日

川村　湊

原発よ、安らかに眠り給え

2024年10月23日初版発行

編　集　脱原発社会をめざす文学者の会
発行者　鈴木比佐雄

発行所　株式会社コールサック社
〒173-0004　東京都板橋区板橋2-63-4-209号室
電話　03-5944-3258　FAX　03-5944-3238
suzuki@coal-sack.com　http://www.coal-sack.com
郵便振替　00180-4-741802
印刷管理　株式会社コールサック社　制作部

装画　ピーテル・ブリューゲル（父）「バベルの塔」
　　所蔵　ウィーン美術史美術館
　　©Kunsthistorisches Museum Wien c/o DNPartcom
装幀　松本菜央

ISBN978-4-86435-635-0　C0095　¥1500E
落丁本・乱丁本はお取り替えいたします。